U0915546

WANTED

How to become the most wanted employee around

如何成为最受欢迎的员工

[英] 大卫·弗里曼托 著　　陈 然 译

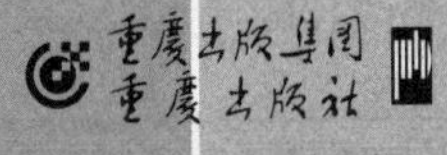

版贸核渝字（2011）第27号

图书在版编目（CIP）数据

如何成为最受欢迎的员工/（英）弗里曼托（Freemantle, D.）著；陈然译. -重庆：重庆出版社，2011.4

ISBN 978-7-229-03838-0

Ⅰ.①如… Ⅱ.①弗… ②陈… Ⅲ.①成功心理-职工修养 Ⅳ.①B848.4

中国版本图书馆CIP数据核字（2011）第036586号

如何成为最受欢迎的员工

Ru He Cheng Wei Zui Shou Huan Ying De Yuan Gong

［英］大卫·弗里曼托 著

陈然 译

出 版 人：罗小卫

策　　划：华章同人

执行策划：卓越创意

责任编辑：王 水

特约编辑：徐 虹

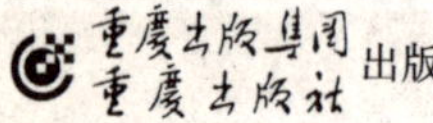 出版

（重庆长江二路205号）

北京佳信达欣艺术印刷有限公司 印刷

重庆出版集团图书发行公司 发行

邮购电话：010-65584936

E-mail：haiwaibu007@163.com

全国新华书店经销

开本：880×1230mm 1/32 印张：8 字数：141千

2011年6月第1版 2011年6月第1次印刷

定价：29.80元

如有印装质量问题，请致电023-68706683

如何成为最受欢迎的员工

南非黑人领袖纳尔逊 · 曼德拉

美国总统奥巴马

网络和电视红人苏珊大妈

《秘密》作者，吸引力法则发明者朗达 · 拜恩

都会遵从的职场和人生 50 铁律

如何成为最受欢迎的人（见本书第 50 章）

公司老板和上司都明白的秘密，

职场大虾都心照不宣的“钱途”，

公司菜鸟都泣血跪求的真经：

如何成为最受欢迎的员工？（见本书每一章）

这不是一本一次性读完就扔的“指南”，这是一本每天都要翻几页的手边书，送一本给你的朋友，买一本给你的员工，让他们成为最受欢迎的人……

CONTENTS

什么人该读这本书

本书适用于追求杰出工作业绩的职场白领。

本书也适用于正在找工作的职场新人。

在你的职业生涯自始至终的整个历程当中，不论你是大企业的一把手还是初入知名企业的实习生，一旦你决定担当某项工作，你就应该努力成为这项工作的不二人选。

无论你上任的是什么岗位，都应该是你自主的选择，而不是招聘人员为填补空缺录用你。你要在自己的企业中成为“抢手货”，使你的竞争对手的“最优”在你杰出的表现之下都只能是“次优”，让老板觉得工作岗位非你莫属。这样的杰出表现每位读者都能达到——不论是 15 岁的少年还是 65 岁的长者。人的志向是没有边界的，有的只是年龄带来的体质上的限制。

职业生涯的成功不仅仅是成功的面试，也不是 45 分钟的问答环节的合格表现，更重要的是面试前自己多年的积累和选择，这些选择是自己在已往的工作中一天一天做出的。在求职的过程当中，努力工作求得升迁的过程当中以及其他的时候人们都在做选择，这朝朝夕夕的选择日复一日地累积下来，就会在每一次选择的关键时刻对人产生影响，对工作方法产生影响，本书讲的就是选择。

任何想在工作（或工作以外的其他方面）中有所突破，不断进取的人士都能从本书的章节中获得实用的诀窍。也许你是一名应届大学毕业生，正在努力求得自己心仪的职位；也许你是一位资深经理人，欲在高管层中谋得一席之地；也许你是自己开公司当老板，正在争取一笔大买卖；也许你是一位销售代表，想努力促成自己的第一笔大单生意；抑或你是在一家公司工作了 20 年的员工，而公司前一天刚刚倒闭，自己也丢了饭碗。在低迷的经济形势下，要找工作很难，而要丢工作却很容易。

本书阐述的原则和做法对广大读者都适用，书中会谈到工作中不仅要有“核心”专业技能和学识（理所当然应该有），还要在此基础上有“额外”的本领。

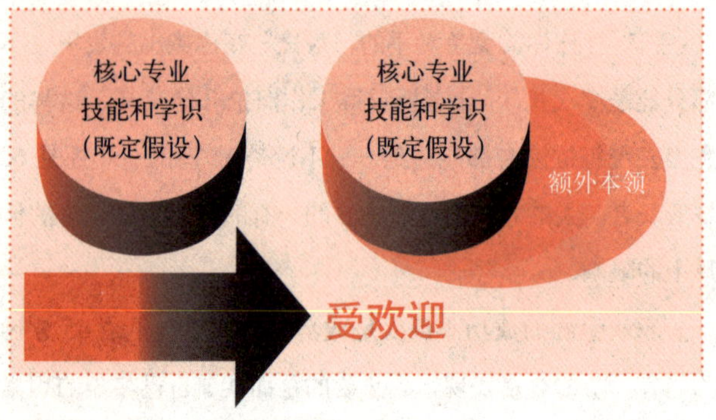

这是我的第十六部著述，是我在 45 年经历的酸甜苦辣和成就基础上凝结的思想，其中蕴含了对先前出版的十五本书以及我从自然科学领域跨越到管理领域的思考。我职业生涯的第一阶段奋斗的结果使我在 39 岁时就进入一家航空公司的高管层，到了人生的第二阶段我致力于自己所热爱的写作、教学以及旅行，如今我正式告老还乡，却比从前工作更卖力了。

对本书写作的一点说明

任何渴望成功的人一开始自然都觉得自己应该是理智地一步步向上攀登，我不建议这样做，因为在我看来这是不现实的，成功没有定式。在本书述及的各项内容当中，有的互相联系，有的则没有联系，这不是一本综合性的教科书，而是一套励志思想，让读者思考企业或是任何一家单位对员工的期望是什么，如何达到这些期望。

书中没有常规的内容，不会教你制作完美的简历，也不会传授成功面试的方法，这些内容都有人写过。既然在工作中胜出需要破旧立新和鼓动人心的本事，那么我认为我用这样的精神写书也是没错的。

1

热爱工作

和爱上梦中情人相比，爱上工作是一件不算危险，但却有丰厚回报的事情

认真地探索自己的内心，明确自己喜欢的工作类型，然后集中时间和精力去谋取。你对这份工作的热爱会使你为之而努力，使你工作出成绩。

当你爱上自己所做的工作时，你的老板和顾客也会喜欢你的工作表现。

要在工作和事业上有所成，就要热爱自己的工作。倘若你钟情园艺，那么就当个园艺师；倘若你爱好烹烤，那么就做个面点师；倘若你喜欢电脑，那么就做个信息技术专家。

在《电讯日报》(*Daily Telegraph*) 2008 年 7 月 20 日刊上有一篇对时装零售企业 L.K.Bennett 创始人琳达·本尼特的访谈，访谈中她说："当我还是个孩子时，我就对鞋子很狂热，我很早就意识到如果你喜欢自己所做的事情的话，成功的可能性就会很大。"

One.99连锁零售企业创始人Nanz Chong-komo荣获了新加坡“2000年度女企业家”称号以及“2001年新加坡国际管理行动”奖，2007年7月12日她在接受我的采访时说：“我做这项工作不是为了钱，而是出于热爱。”我至今还没遇见过不热爱自己工作却又能做得很好的人——无论裁缝、发艺师、牙医还是马路清扫工。几年前一个熟人给我讲述了伦敦一名街道清扫工获得社区服务奖励的故事。“这个女人热爱她的工作，”他说，“清扫出伦敦最干净的街道是她最喜欢的事，她还喜欢给路人指路。”工作是需要热情的，甚至有一位丧事承办人都告诉我他喜欢自己的工作。

> 不论你看到哪一位成功人士，你都会发现他们一定是热爱自己工作的人。

苹果电脑公司创始人之一史蒂夫·约伯在斯坦福大学2005年6月12日学生的毕业典礼上发言时曾说：“你们一定要找到自己热爱的工作。”

厌恶自己的工作是最不幸的事情。你会在各个城市中遇到厌恶自己工作的人，他们缩在一旁对顾客不理不睬，对自己经营的产品了无兴趣，人生目标除了钱就没有其他。

如果人生目标就是金钱，那么人生的内容就只是挣钱，这样的人生是没有长远的事业的；若想进步，眼光就不能只盯着工资、奖金和外快，而是要热爱自己所做的事，这种热爱意味着要喜欢为顾客（无论是内部顾客还是外部顾客）服务，喜欢自己制造或销售的产品，乐意在自己的工作上花工夫，出力气，动感情。

就如同人会失恋一样，一些员工在事业道路的中途对工作的热爱也会消退，他们会改变方向，爱上另一种工作。有一位30岁女士的经历就很典型：她在广告业方面做得很成功，但却逐渐对工作失去了兴趣，后来她辞了职，转行去做针灸和瑜伽，收入下降了，工作依然繁重，然而快乐却多了许多。

工作就是看得见的爱。

爱工作是不需要讲价钱的，从工作中感受到的爱与工资并没有关系，实际上，当人在追求更高的工资时，爱就可能会蜕变成贪婪。2008年9月的金融危机，肇端起于一些胆大妄为的银行家所“蛀”的“小洞”，就是对上文的例证。

做护理工作的人很少有为了钱的，多数都是因为乐于照顾行动不便的人，其他任何社会服务工作也是这个道理。

问题：
你最中意的工作是什么？

《预言者》（*The Prophet*）一书的作者卡里尔·基布朗说过：“工作就是看得见的爱。”做自己喜爱的工作收入1万，比做自己厌恶的工作收入2万来说要更好，后者多挣的钱永远不能够给你带来前者那样的快乐。

实用指南

以自己和两位朋友为例改写下列三句话：

- 鲁本斯醉心于图形设计，现在是公司首席设计师。
- 凯瑟琳热心于儿童护理，现在已开办了自己的五岁以下幼儿保育工作室。
- 苏菲喜欢为顾客解决问题，去年因为工作出色获奖。

2

信念

信念是成功的精髓

在追求事业目标时也许会经历挫折，无论挫折有多少，都要坚信自己有朝一日能达到目标，如果失去了信念就会停止前进，自暴自弃。信念是事业必备的精神动力，请坚信这一点！

相信自己能，自己就能，相信自己不能，自己就不能。

我最喜欢引用诺贝尔文学奖得主——法国人安那托尔·弗兰斯的一句话："要成就大事，光做不行，还要有梦想，不仅要做梦，还要相信梦。"这句话一直是我人生的动力。

以下是我现身说法的两个例子："我梦想环游世界，到各国游历。我相信我能够，于是我做到了。""我梦想我能写一本书并且出版，我相信我能够，于是我做到了。"

回望1859年，那时无人相信人类能登上月球。一百多年后的1961年5月25日，美国总统约翰·F·肯尼迪在一次国会两院会议上宣告："我相信这个国度会竭尽全力在这十年里完成这个目标——将人类送上月球，然后安全返回地球。对于人类这一历史阶段来说，没有哪一次太空计划会让人如此震憾。”

1969 年 7 月 21 日这个目标实现了——人类在月球上留下了第一只脚印。“这是人的一小步，却是人类的一大步。”第一位登月者尼尔·阿姆斯特朗如是说。

一个人如果没有信念，就可能比有信念的人更容易遭遇失败，因此无论人生的目标是什么，都应该坚信自己能够达到。信念的第一层含义（指在本书中的含义）是要对自己的事业目标专心致志，对手头的工作目标全力以赴，其次它意味着要深入自己的内心，看看自己是否真的拥有完成这些目标的信念。

还可以从另外一个角度来看待信念：“如果别人能做到，那么我也能做到。”不论你的目标是把自己的企业做到世界 500 强，还是毕生奋斗只为了摘掉贫困的帽子，不论你的目标是长期还是短期，只要你相信自己能行，你就一定能做到。这种信念来自于心灵深处，它告诉你未来的日子里最重要的事情是什么。

梦想和信念是最核心的动力，但要注意别与幻想混为一谈，幻想总是遥不可及的。我可以幻想中几百万的彩票，但我买了 14 年的彩票，还从来没中过 100 英镑以上的奖，而我买彩票的钱却花了好几千了。同样的，我可以幻想邂逅一位迷人的电影新星，和她一同前往充满异域情调的热带岛国，那里有棕榈树、白色的沙滩、碧蓝的海水，我和她过上神仙般的日子……这些幻景都是想入非非。梦想的实现是不一样的，首先你得有让梦想实现的信念，这种信念要能将梦想转换成将来可以实施的现实。

要实现梦想，你还要明确自己能采取具体的行动，不论多艰难，这些行动都能使你朝着梦想的方向前行。而对于幻景我就无能为力了，即便我花费上百万买彩票，中一百万的几率也是很低的，我还不如好好写一本书，然后出版。信念包含的是“能做到的事”，而不是“做不到的事”。很多人能做的事都比能想得到的要多，因此，有信念就意味着要克服悲观和消极的心理障碍。

心中有了真正的信念，任何有现实可能性的事情都能实现。如果你现在没有工作，你就要相信前方一定有理想的工作在等待着你，你可以采取行动，努力干上这份工作。如果你在争取升迁，但是两次都失利，你就应该相信有朝一日自己能晋升到心仪已久的职位，但首先要确定自己能有所作为，有升迁的实力。

引用 2008 年诺贝尔和平奖获得者马蒂·阿蒂萨里的一句话：“你得聆听、领会并且坚信：看似毫无头绪的问题一定会有意想不到的解决办法。”

实用指南

- 梦想和信念能给人持久的动力，树立梦想和信念的唯一方法就是深入自己的心灵，清晰地认识自己人生（和事业）的驱动力。
- 对这些动力的认识一定要实实在在。
- 在工作和事业上一定要把这些动力释放出来。
- 运用这些强大的力量（动力）激发自己的斗志，去实现自己坚信的目标。
- 要使自己坚信一切都可能实现。

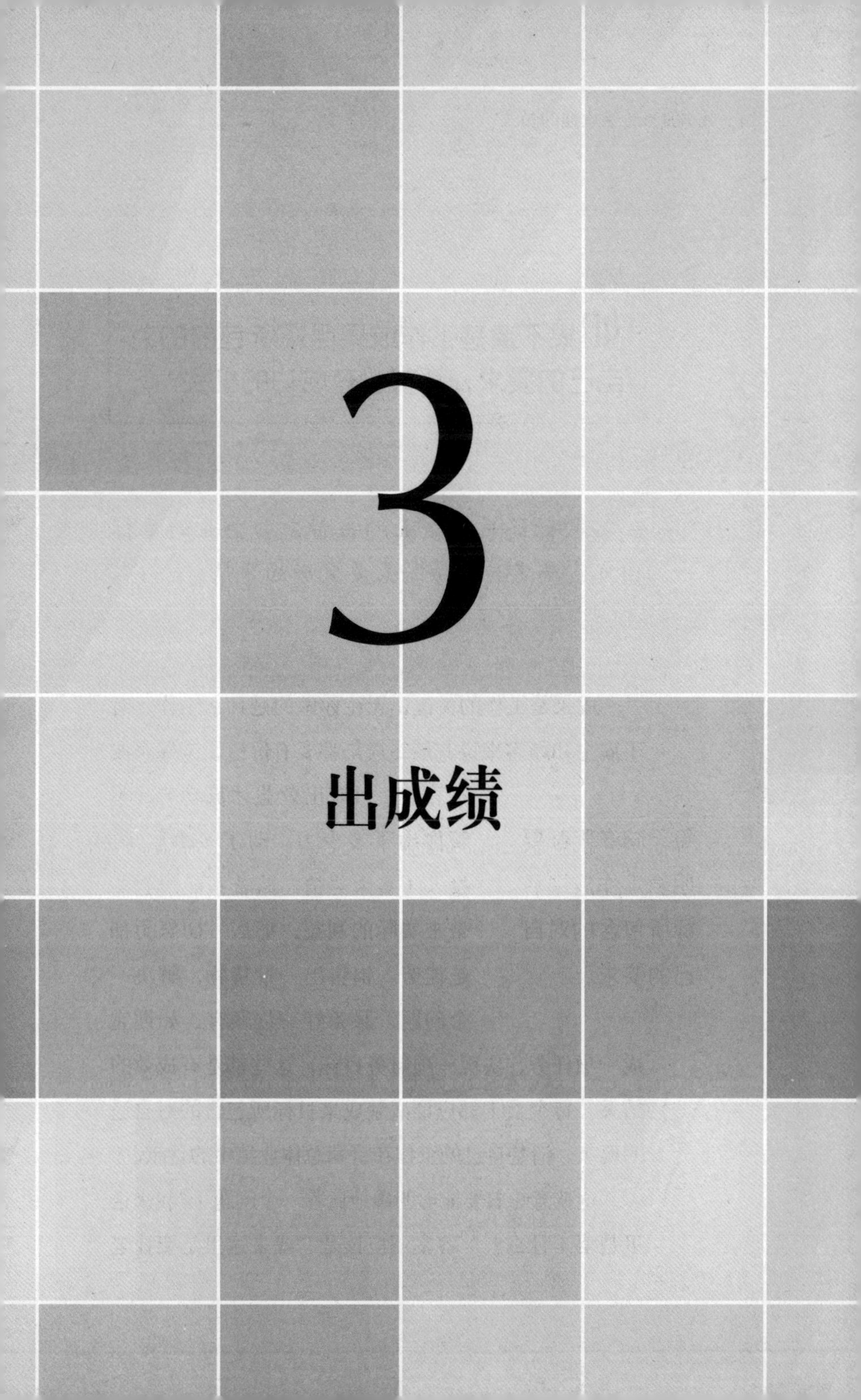

3

出成绩

如果不清楚工作成果目标所包含的对自己的要求，那就没有成功的机会

要始终关注企业的目标，由企业的目标出发，确定自己每一天要完成的事情。

每天脑海里都要明确工作成果目标所包含的对自己的要求。

成果是工作的关键，无论你做的是什么工作，对于雇主和顾客来说其最终成果都要有价值。劳碌奔波不算数，只有出效益才算功劳。不管你出了多少力，动了多少脑子，投入了多大热情，倘若不能给企业带来实际的利益，那么一切努力都是徒劳。销售出一批货物，解决一个问题，服务好一位顾客，如期完成一项任务，实现一项财务目标，这些都是有成效的结果。每个员工都应该清楚成果目标所包含的对自己的要求，清楚自己的工作在公司总体业绩中的贡献。

这就意味着要能够明确地回答一个问题："我来这里是要干什么？"答案不应该是"我来这里是要让老

板满意”或“我来这里是为了挣钱”，也不是“我来这里是要执行交给我的任务”，答案应该是“我来这里是要做出能服务于企业目标的成果”。每个员工都应该清楚工作成果与企业目标之间的联系。

很多企业都是任务导向，只关注任务而不关心任务所要达到的目标，他们所谓的任务就是做些部署行动，发布指令，指示方向之类的事情。例如，商场里来了顾客，员工却只管整理货架而不接待顾客，在这样的情况下员工和老板都忘记了最终的成果要求应该是做好接待工作，让顾客满意，从而实现销售的最大化目标。把顾客晾在一边是没有道理的。

当人们清楚地认识到成果目标所包含的对自己的要求，并且认识到成果与企业目标的联系时，就能相应地确定每日的工作任务，这就是主人翁意识，没有这样的意识，工作就只是“命令和控制”，老板叫做什么就做什么。

成功人士都是高度关注结果的，他们会透彻地解读业务，甚至在企业内部思想不明确，搞不清企业自身的目标时，他们还能树立起符合企业发展方向的个人目标。这样的员工一定是受欢迎的，他们清楚目标“是什么”，目标“如何”完成。在这里“如何”是任务，“什么”则是与企业目标紧密相连的个人成果。

与任务导向相比，成果导向的好处就在于更能作出有实际意义的成绩。如果面试时考官问：“近年来你做了些什么？”最好是回答“我为销量的扩大作出了贡献，我的顾客满意度一直保持在93%以上”，而不要回答“我一天接80个电话”。

任何企业都需要能将工作成果与企业目标联系在一起的员工，你所要做的事情就是让企业（也让你自己）相信你能做出卓越的业绩。

实用指南

- 不要再说“我的工作是干这个”，而要说“这就是我在工作中成就的事，是一天天积累出来的”。
- 不要再把工作看成是任务，而要看做是自己要完成的一系列重要的成果。
- 针对所要完成的成果建立自己的定性、定量的测评标准。
- 在心里明确自己所完成的成果与企业目标如何联系。

每天给予他人
百分之百的信任感

信任是一切人际关系的核心

信任是你日常工作的关键驱动力（因此任何时候都不能辜负这种信任），要致力于做一个人人都信任的人。

每天都应该问自己这样一个问题："我是不是个信得过的人？"例如："我能不能保证兑现今天早上的承诺，给对方回电话，让对方信得过我？""我能不能切实帮助到受工作压力煎熬的那位同事，让他信得过我？"

信任存在于我们日常的个人行为当中，也存在于企业长期从事业务的集体行为当中，信任来自于开放、诚信、正直和公平。每一笔商业交易、每一层人际关系中都存在着信任。

如果银行家挪用你来之不易的银行存款搞投机，那就是对信任的背叛。有些银行家就把冰岛变成了一个巨大的套现投机场，使冰岛经济在 2008 年几近崩溃，这就是对信任的背叛，还有一些"专业财务顾问"建议英国诸多地方机构对冰岛金融机构投资，也是在做背叛的事情。

另一个例子是2008年中国的三聚氰胺事件，在某些食品企业的牛奶制品中发现有毒化学品——三聚氰胺的成分，上千婴幼儿因此患上肾结石并导致死亡，这也是辜负信任的实例。

这些例子都是大事件，而与日常行为相关的小事也是同样重要的。你能不能让人信得过，保证及时处理应该回复的电子邮件？你能不能让人信得过，保证履行承诺？你能不能让人信得过，保证不说谎，不掩饰错误？你能不能让人信得过，保证钱财有借有还？这样的小事无处不在。

任何企业需要的都是百分之百值得信任的人才，当然，这意味着高层主管也都应该是值得信赖的人（虽然其中的确有很多人不值得信任——2001年安然公司的丑闻和伯纳德·马多夫投资证券公司的惨败就是反例）。

伦敦商学院教授唐纳德·萨尔认为：若要目标实现，员工就要积极负责，敢于承诺，而且要守信，言出必行。

任何人若想成就事业，必须要百分之百的诚实，获得别人的完全信任，留一个好名声。要做到这一点，就必须在日常的行为中恪守这一条信任的准则，不论同事给你什么样的影响，自己都要坚持。

实用指南

- 要取得他人的信任，自己首先要信任自己，要讲究自律（例如言行一致），保证自己的一言一行都是诚信的。
- 此外还要求在与他人交往时不断地内省，确保无遗漏地履行自己的所有承诺。

5

重要事情的重要性

你的一切所思、所言和所为都要反映出你所看重的东西，这是很重要的

你要每天问自己：是什么事情影响着你的决策和与别人的交流？思考这个问题非常重要。

有的人对于关乎自身的重要事物把握明确，这样的人不仅引人注目，而且生活和事业都精彩。美国总统巴拉克·奥巴马就是这样的人，什么事情对于他重要，对于美国人民重要，他心里非常明晰。

> 在工作和生活中，我们都有可能迷失方向，忘记对自己重要的东西。

在与人交谈时，我们可以很容易地了解到对方所看重的事情：当他们语气坚定，神态充满自信时所谈论的事情就是对于他们来说重要的事情。当一个人明确了什么事情对于自己重要时，这种意识就会影响到他进行决策和与人交流的方式。

什么事情对自己重要，什么不重要，这只能是每

个人的自主选择，任何人（包括你的老板）都不可能替你做主。当然，不可能每件事都重要，反过来说，也不可能任何事都不重要，“重要事情”的广度是没有标准的。有重要的事，相对就会有不重要的事，必须掌握好平衡。例如，一头是与家人团聚，一头是抓紧时机挣钱，孰轻孰重？实际上就看你花在哪方面的时间多，花时间多的自然就是你所看重的。

另一方面还有一个做事方法的选择。例如，有的事情可以走捷径，不按规矩办事，并且也不违背雇主的要求，此时有的人会选择最稳妥的路线，有的人会选择冒最大的风险，不同的选择也反映出人们对自己所看重的事物的差异。

人们对于自己所重视的事物反映出价值观的取向。许多人对于价值观存在很多误解，你会在各种年度报告上经常发现关于“公司价值观”的陈述，其实在商业世界中，企业只不过是个法人，企业是不存在价值观的，只有自然人才会有价值观。

在我们的成长过程中，父母和师长都会传承给我们一套价值观。例如，他们会教导我们“礼貌”是很重要的，因此我们大多数人也就对此深信不疑，但读过一些名人传记后我们很快会得出一个结论：所谓重要的价值观其实是多种多样的。作为成年人，我们理应对这些价值观进行反思，建立真正对自己重要的价值体系，尤其在工作和事业方面。当你对此有了清晰的认识并且能明白无误地表达时，你就会受到企业的欢迎，特别是受到重视这方面能力的企业的欢迎。

实用指南

- 与自己的同事，与家人讨论本章，看看“在工作方面什么对自己最重要”这一问题上你们是否能得出一致的结论。通过这样的讨论，你在自己目标的明确性方面就能大大增强。

6

与众不同

所有成功的人都会做与众不同的事情

要保证做到每天在工作中所作出的贡献对于相关的人（顾客、同事、老板等等）来说都是出众的。

平庸的人不会引起别人的注意，能不能谋得工作只能看老板的随机选择。

问题：
在现有工作（或学习）中自己是如何做到与众不同的?

如果说每个个体都是大自然独一无二的创造的话，那么每个人做出与众不同的事应该不是太困难，即便如此，许多人仍然需要努力奋斗才能脱颖而出。倘若经过数轮淘汰后竞聘者只剩下六人，那你绝不能与另外五名竞争者不相上下，你必须拥有一些不同凡响的履历、成就和特长，使你从平庸无奇的竞争者中展露出锋芒。

其实每个人在一言一行中都有机会展露自己，并且锻炼出自己独特的行为方式，这种锻炼能够形成个人独特的“卖点”。例如，你可以通过以下方面做到与众不同：

……独特的专业学识

……独特的人际关系能力

……独特的人格魅力

……特殊领域中独特的经验

……独特的激励团队成员的能力

……出众的业绩表现

事业当中最重要的是作出卓越的成绩，使自己有别于众人，为此就得谙晓能使自己出类拔萃的关键能力并且积极地自我培养这种能力，唯有如此，在关键能力比拼时才能有更大的胜算把握。

在培养出众能力方面要内省这样一些关键问题："在现有工作（或学习）中自己是如何做到与众不同的？""在以往的工作中自己是如何做到与众不同的？"

菲律宾航空公司高级乘务员帕特蕾西亚·哈拉吉娜说："在我很忙的时候我还是腾出时间来与顾客交谈，这会让他们感到自己受到重视，这一点我非常清楚。"其他许多航空公司的乘务员只是刻板地照章办事，相比之下哈拉吉娜就非常出众，可见，与众不同意味着要超越常规，而不仅仅是例行公务。

可以与众不同的方面还很多……

……有独特的能力把已疏远的顾客重新拉回来

……有独特的能力发现并且解决重大的质量问题

……有独到的经验消除顾客的紧张情绪

……安装复杂软件方面有独特技术

……做事快，效率方面不同凡响

……能高质量地完成工作，效果方面不同凡响

……能准确地对问题进行估计并且查找问题的根源，分析能力卓尔不群

当你与众人无异时，没有多少人会记得你，只有具备了与众不同的特色，作出与众不同的成绩时，人们才会记住你。

我们所处的社会中很多人都缺乏诚信，言行不一，而有的人则是百分之百地可靠，这些人自然就能与众不同，获得成功；他们言必行，行必果，从不让他人失望，在花言巧语充斥，许多人不守信誉的社会，他们就是完全值得信赖的人。

要做到与众不同，关键在于点滴的培养。在商业社会中，顾客认为大方面的能力企业员工是理所当然应该具备的，而他们对员工的评判却是从小处着眼。

几年前我经历了离异，需要找一位律师。在英国大家都认可一个法律惯例：在聘请律师前可以向律师进行半小时的免费咨询，于是我约见了六位律师，打算从中选择一位做我的代理。我很快排除了其中两人，因为我打电话预约时无人接听——小处意味着差别。剩下的四位律师中，有一位在与我谈话时不停地看表，另一位跟我谈了不少事情，却偏偏不关心我个人的处境，第三位在我还未踏进他办公室门之前就要我出示身份证和地址证明，我最后选择了第四位，他请我坐下，给我沏上茶，然后仔细地倾听我的情况。

小处有大不同。如果你是律师，我建议你来点“小不同”，给客户倒杯茶！（四个律师中只有一位给我倒茶。）

实用指南

- 着重培养自己的“独家卖点”。

以自己为例，改写下列句子：

- “作为一名业务经理我的不同之处是提升了业务效率，降低了成本。”
- “当我接手团队领导之职时，团队士气低落，我的特别之处是强化了团队建设，鼓舞了士气。”
- “作为实习学员，我清除了新系统中的小故障，这是一项有挑战性的任务，我成功地完成了，这算是个小有突破的成就。”

事业激励❶

驱动力

- 人生旅途是由自己掌控的。
- 工作是为自己。
- 事业是自己的。
- 自己的未来只属于自己。
- 不论目标在何方，都要靠自己一步步去走。
- 人不能只是过客。
- 前进不能靠别人。
- 志向就是自己的动力。
- 自己要去的地方就是需要自己的地方。

7

走不寻常之路

丛林中出现两条岔道，我选择了人迹稀少的一条，一切由此而不同。

——罗伯特·弗罗斯特，《未行之路》（1916 年）

做事时，要避免选择大家都走的老路，当你开辟了自己的道路或者是选择了一条较为偏僻的道路时，差别就开始了。

人所作出的选择成就了人对自己的界定。

人的每一分钟、每一天，乃至整个一生都在作选择，多数选择都很简单，例如说“是”或“否”，决定何时锻炼身体等等。人所行、所言，甚至所思（在清醒时）的一切都在选择之中——吃什么食物，读什么报纸，看什么电视节目都是选择。说得再深远一点，人的选择对事业有举足轻重的意义，人因选择而不同，选择了不寻常之路的人就更不同。

对于滑雪者来说这意味着偏离滑道，对于旅行者来说可能是单独探访一座古城，而不是坐在通常的观光巴士里听着会数国语言的导游讲解。

这样的探险能开阔人的心胸，点燃创造的火花，增益人的智慧，培养勇于探险的精神，这样的旅程使人摆脱了传统的羁绊，步入到未知的领域。

许多人都会避开陌生的环境，他们只是随大溜，走大众路线，这种循规蹈矩的方式逐渐形成了习惯，使他们可以不假思索地机械行事。机器人就是这样的，机器人不懂得选择，只会按照设定的程序做出相应的动作；人也往往会这样，会有意无意地将自己程序化，把自己变成机器人，按程序办事。

离开了有意识的选择，生活就会变得容易，风险似乎就会很小，也不用为何去何从而伤神。若是希望人生旅途波澜不兴，则步人后尘倒也无妨，在这样的道路上危险最小，选择也最少，最省心，但是这样的路线很难引导你获得自己企望的工作，更不用说事业了——人生无坦途。我喜欢在前途不明朗的时候面对“向左还是向右”的选择，这是一种挑战，正是由于这种挑战，我——一个英国公民——如今才会居住在菲律宾的土地上。

要在事业道路上前进，就必须仔细审视自己的选择（无论选择是大是小），从中探索他人所未发现的成功之路，为此，就要从团队和组织的利益出发，探寻新的疆界，获得新的发现，在我们工作中的任何一个方面都应该是这样，这是取得创新和进步所不可或缺的精神。

史蒂夫·约伯在斯坦福大学的毕业典礼上演讲时谈

及他的往事:他曾从大学退学，然后参加了一个书法班，他走了一条非常规路线，作出了与众不同的成绩（对于电脑行业,对于他自己来说都非同寻常)。通过学习书法，他了解了字母衬线以及无衬线字母方面的知识，并且了解了不同的字母之间间隔的讲究，最终他谙熟了印刷技术的要领，在此基础上，经过十年的磨砺，他创造出不同类型的电脑字体,使电脑屏幕上的文字显示进入了“美丽时代”。在他发明的 Apple Mac 电脑中，首次实现了多字体输入和智能间隔控制。在毕业演讲中他说道:“时间是有限的，不要浪费时间，虚度光阴。不要囿于教条，那样就等于在别人的思想下生活。”

已故歌唱家依尔莎 · 基特生前在一次采访中被问及她成功的秘诀，她是这样回答的 :“我不随众，我走自己的路。”

实用指南

- 做一次旅行，去一个从未到过的地方——也许是某个乡村，或者是未曾去过的公园，然后走一段长路，在路上细细思量自己在生命中过去、现在和将来面临的不寻常的路线（读本书就是一例)，然后立即思考一下自己所做的选择，例如在如何干好工作方面的选择。

8

把工作放到三维环境中

所有工作都是三维的，不能只看工作岗位描述中的任务要求，那样就会把自己限于一维空间中

要在工作中取得最大的成就，就要清楚地认识工作中的“怎么做”“做什么”和“为什么做”。

在工作中运用三维的方法，就能使工作变“活”，创造更好的事业前景。

人们往往认为阅读工作岗位描述是浪费时间。实事求是地说，岗位描述是老板对于工作任务的框架性描述，反映了老板的意图，我所见过的大多数岗位描述都枯燥无味，对员工没有任何激励。

实际上，所有的工作都是三维的：

1. 第一维——工作的组成部分，包括所要完成的任务，这是工作中“怎么做”的问题。
2. 第二维——包括每天要完成的任务，这是对员

工工作成果的量化，代表着工作中“做什么”的问题。

3. 第三维——工作的总体目标，它要与企业目标一致，并且成为重要的工作动力，它代表着工作中“为什么”的问题。

很多工作的职责描述只到了第一维——要完成的任务，这种任务导向的方法是不够的，这种方法只会将员工变成机器人。

工作中只顾“踢球”（一维）是无意义的，工作要么就是“进球”，要么就是“防守”（二维），目的是要让自己的球队赢得比赛，并且登上联赛的冠军宝座（三维）。

成功的人不仅仅是完成分配的任务，而是以“三维”的角度来看待自己的工作，在头脑中树立立体的工作概念，以确保企业未来的成功。在这种“三维”方法的指引下，他们逐渐形成自己的一套工作方法来完成目标，如此一来，工作就发展出一系列的小变化。

例如，餐厅会雇用男女服务员来做清理餐桌、点菜、传菜及饭后结账等工作（与岗位描述一致），这是一种单一的只注重任务的方法，可变化的地方不多。在这样的情形下，饭店也可以设自助微波炉，让顾客按按钮自取烤鸡和米饭，借助自动化技术，这些一维性的任务不需要服务员就能完成。

优秀的餐厅经理在管理中会超越一维方法，形成三维工作机制，他们的工作目标是给用餐的顾客以愉快的就餐体验，让他们满意而归。要达到这一目标，就要给服务员最大的自由度来设计自己的工作，让每个顾客完全满意，顾客吃得高兴，回头率自然就高。我遇见过不少优秀的服务员，在他们的服务中折射出魔术、喜剧、舞台剧、舞蹈、康复诊疗等各种服务行业的特色，他们善于倾听，有的还会在厨艺方面教顾客一两手。

有一次我在马来西亚的槟城想找个餐厅就餐，我经过一个餐厅门口，见那里站着一名女服务生，手里拿着一本菜单——亚洲许多餐馆门口都是这样设计来招揽顾客的。这名服务生看见我就冲我微笑，我后来知道她叫妮妮。她冲我第一句话就说："你看起来像个渔人。""啊？"我被她怔住了，不明白她的意思。"我是说你看起来像是个喜欢吃鱼的人！"她说道。当我告诉她我的确爱吃鱼时，她就告诉我那天晚上的菜单上有一些美味的鲜鱼菜品——妮妮用她的三维工作法把愉快的体验"卖"给了我。她把我引进餐厅后，接下来由服务员张林宾招待我，他在往我腿上放餐巾时，用了很地道的戏剧动作：先是在手中把餐巾漂亮地一甩，将餐巾打开，然后将餐巾像旗子一样地在他的头顶一挥，轻巧地铺在我的腿上……在一般的餐厅里，多数服务员只是把餐巾"摆"到顾客的腿上（一维任务)，有的服务员连餐巾都懒得摆，让顾客自己弄。而妮妮和张林宾则将自己的工作发展成一种愉悦的、戏剧式的服务形式，这就赢得了我的光顾。

这个例子体现了工作设计中的三维方法：

1. 一维——为顾客用餐提供服务（基本的“如何做”工作)。
2. 二维——专注于每天要“做什么”(用漂亮的挥餐巾动作给每个顾客留下美好的用餐体验)。
3. 三维——清晰地认识到“为什么”要让顾客满意（顾客满意就会带来更多生意)。

员工若采取了任务导向的模式，在工作时就会不动脑筋，机械行事，创造力就消失了，心思也不放在顾客身上，这是很危险的；此时要开始思考自己的工作，有了想干好工作的愿望，“三维”的工作方式就会慢慢建立起来。

换言之，若要事业有成，绩效出众，在工作中就得超越“工作岗位职责”的描述规定，做到这一点就能吸引更多的顾客，提高工作成效，就一定会受欢迎。

实用指南

- 经常问自己以下重要的问题：
  “我的工作是做什么？”
  “我来这里是干什么？”
  “为什么我在这里？”
  “我如何才能做得更好？”
- 将这些问题与前面所说的三维含义结合起来，不断地回答工作中“怎么做”“做什么”和“为什么”的问题，然后在“三维”模式的指引下，运用自己的创造力来设计自己的工作，使工作更有效，更让人受益。

事业激励 2

差别

- 当每一个人都相同时，选择是随机的。
- 不要与众人相同。
- 相信自己就是“特别”的创造者。
- 大不同始于小处。
- 一言一行皆有不同。
- 决定性的因素就在于你所创造的不同之处。
- 当你对企业作出了不同寻常的贡献，使人们信服时，你就是受欢迎的员工。

9

共鸣

心灵开始碰触时，共鸣就开始了

若要亲密无间地合作，就得深入自己的内心，努力与对方共鸣。

心理上的共鸣一定是要拨动了那根感情的心弦。

在表达共鸣时，人们往往喜欢说“你说的和我想的一样”，而不说“我赞成你的说法”，这种情形在美国尤其突出。这两种说法区别是非常大的：与别人达成一致时，是经过了理性思考的结果，意味着对对方思想和看法的接纳，而共鸣（从心理上）还不仅止于此，它还包括情感上的和谐，甚至还含有情绪的因素。“你说的和我想的一样”这句话给人的感觉是：“这个人说的是和我同样的话，是跟着我的思想走。”

在这种情形下要谈到一个词——一致，当一致形成时就意味着和谐统一，其中有情感和情绪的因素，当你碰触到别人的心弦时就能得到对方的回应，“一致”与“共鸣”的主要区别就在于前者是较“正式”的，而后者是一种不那么正式的，有一些情绪化的过程。

当交流中没有拨动到正面的、积极的感情之弦时，就会产生不和谐音，带有隔阂和消极情绪的语言就会产生。共鸣会带来一致和协议，杂音则会引起分歧和协议的破裂。

说到实处，共鸣意味着要主动地与对方的思路步调一致，不仅仅要与对方话语所表达的内容一致，而且要与这些话语之中所蕴含的感情相融，在相互的思想与感情的传递过程中达到了清晰、平衡和回应时，就会形成互惠互利的理解和和谐，这就是共鸣——两个声音合二为一。这就是结合——“我们有共同的语言”“我们心有灵犀”。

要在单位里受欢迎，与人共鸣的能力是必不可少的。当走进满是陌生面孔的房间时，要能很快调准自己的共鸣之弦，并且清晰地显露出与众人达到的共鸣，这样就能与人亲近，得到他们的回应。当他们觉得“此人与我等无异”时，你所说的话，说话的方式就会触动他们的感情之弦（而他们也一样会触动你），他们就能预感出在将来与你共事的过程中能达到的和谐。

人际关系能力超强的人天生就善于与人共鸣，倘若自己没有这方面天分也没关系，可以通过平时注重人们对自己的反应以及自己对他们的反应来训练，可以注意一下别人所发出的微小信号，思索其暗含的意思，然后作出正确的回应。例如，当你与某人交谈时他的眼光游移不定，不敢正视你，那么你是否还会信任他？如果他脸上总是有不自然的笑容，你会如何对待他？目光的游移和不自然的笑容是共鸣的障碍，这些小动作可以反映出很多问题，对于这些小动作要锻炼自己的观察力。

人的行为（以及支配行为的情绪动力）会带有感情色彩，而肢体语言能反映出人的感情，如果你不能敏锐地捕捉到这些细节，就不容易与人产生共鸣，不容易受到欢迎。

实用指南

- 与同事或老板严肃地讨论事情时要问自己：“对方所说的能否与我产生共鸣？”如果你的回答是肯定的，那么达成一致的可能性就比否定回答时的可能性大。

10

正直

在单位里坚持原则要比俯首听命难得多，良知经常会和服从发生冲突

想一想自己希望在生活和工作中做一个什么样的人，然后专心地按自己的想法去做。

当一个人按照他人的意愿做人时，就会变成傀儡，变成民间所说的讨巧卖乖的“好好先生”，这样就会丧失自我，被聪明的人瞧不起，而自己也的确贬低了自己。

事业的建树要以不断增强的自我价值感为基础，要重视自我，要看得起自己。为了树立这种自我价值意识，就要有自己的原则和信念，以这些原则和信念作为自己决策的指引，即使与上级不一致也不要轻易妥协，这是做人的基础。

要坚持真我就要有高度的自我认知。

我有一位客户，她是一家大财团下某主要子公司的人力资源部主管，有一次她的老总提出一项违背原则的薪酬政策，她觉得很难苟同，于是她告诉这位老总说她认为该项

政策与她所坚持的员工报酬原则有矛盾，打算将该政策提交集团总裁定夺，后来她也的确这样做了，这是很冒险的事情，集团总裁后来认真听取了她的意见并予以采纳，还把那名老总撤了。

要坚持真我就要有高度的自我认知，要清楚地知道自己要做什么样的人，这不仅仅是志向（“我想做成功的音乐家”）的问题，而且还是原则（“我要做到公开透明”）问题，更是行为（“我要始终守时”）问题。

问题：
你想做什么样的人？

人不可能十全十美，也不可能一事无成，如第五章中所言，在这两者之间有无数种可能的情形，只有你自己能决定自己要做什么样的人（包括各个方面），只有做自己，才有成就事业的机会。

如若对自己要做什么样的人还懵懵懂懂的话，就很难赢得他人的尊敬，也不会受到欢迎。

以下是某位老师对自己做人的定义：“我要做一名受人尊敬的教学领头人。我会平易近人，善于鼓励别人，积极进取，孜孜钻研，积极乐观，诚信守时，乐于采纳意见，善于聆听；我会尊重所有的人，无论他们的背景和处境如何；我还要在学校积极实施改革，不断进步。总的来说我希望我们的学生能从我们提供的教育服务中受益，希望自己能为他们人生的成功铺路，这就是我在事业意义上做人的核心。”

实用指南

具体界定自己人格发展的目标以及将来希望做出的贡献，例如：

人格发展：

- 我是一个内向的人，我要充满自信而又不失文静，或者我要做一个外向并且有魅力的人。

未来贡献：

- 我要在大公司里做销售和营销主管，或者我要做慈善事业，帮助无家可归的人，并且要做出名堂。

仿照以上的句子，写下自己要做什么样的人。

事业激励 3

核心

- 你就是自己的核心。
- 你有一个很大的、柔软的外核，你可以在其中进行很多改变。
- 外核里是一个很小的、坚硬的内核，内核是不能动的。
- 核心就是你的精神、灵魂、心灵和智慧。
- 核心就是你的原则、信念和价值观。

- 核心就是由你的个性、人品和基因构成。
- 核心是创造差异的基础。
- 核心是个人的动力。
- 核心激发了创造性的思想。
- 要打开自己的核，让它接受阳光雨露，让它成长，让它成为“你”。
- 当你认识了自己的核，能展现自己的核时，你就会受欢迎。

11

坚定

道德良知是日常工作的重要指引

当自己道德良知的警钟敲响时，要引起注意并采取行动，不要弃良知于不顾——良知是做人的根本。请每天都反省自己的道德良知，无论在事业方面还是在家庭方面，既要有坚定的道德操守，又不能不切实际，要掌握好尺度。

人的一生中总会面临一种两难境地：是坚持原则保持立场，还是趋利避害求得瓦全？在工作中，老板有时会让员工做违背他们自身意愿的事，对于员工来说，这时候的选择就很关键了。在理想的情形下，组织中的每个人应该有相同的道德认知，在是与非的问题上不会产生冲突矛盾；但现实往往不是这样的——不同的人对于“原则”的认识和理解存在着很大的差异，许多人自诩胸怀坦荡，诚实守信，而行为上却相去甚远。

要清楚自己何时该挺身而出，何时该委曲求全。

2008年诺贝尔和平奖获得者马尔蒂·阿赫蒂萨里

说："我所交往的人当中有一些现在已在自己的国家政府中担任要职，他们曾称自己是'自由卫士'，而另一些人却称他们是'恐怖分子'。人们在谈判时不可能总是坚持原则，这跟周末补习班上与老师讨论问题是不一样的。"

道德良知是个人所持有的原则、价值观、信条以及观念所形成的体系，由于这些原则、价值观、信条、观念的抽象性，将它们运用在日常行为中时，会存在很大的差异。举个典型的例子：有些国家元首发动全国人民参与战争时，声称是为信仰而战（也许会说自己是尊崇宗教信仰的，恪守非暴力原则的忠实倡导者）。世界的现实是：若要前进，往往就要把原则放在一边，关键的问题是时机的选择。

我们日常生活中所坚持的原则是由我们自己的内心产生培育出来的，永远不可能由外界强加于己。布道者的言辞无论多么美妙，都不可能代替我们自己的思维，至多只能是起到一些影响。同理，外界力量也不可能强迫我们放弃原则，放不放弃只能是自己的决策。

在"坚持立场"和"委曲求全"之间作决定时要认真考虑，有的原则是根本性的，必须坚持，有的原则则有一定的灵活性，可以适当变通。

例如，我们需要作这样一些决定：

1. 在这个问题上我是否要坚持原则？
2. 在这个问题上我是否有鲜明的看法，必须与老板开诚布公地谈？
3. 这个问题对于我来说不那么重要，是否可以睁一只眼闭一只眼？
4. 我是要坚持原则还是丢开原则灵活变通，照众人的意思行事？

也许上面的这些问题会涉及到安全、金钱、员工待遇、客户关系，或是一些变幻无常的事情（例如工会与雇主之间的关系）。如果总是视时势行事，不坚持原则的话，会被众人看做是软骨头，没有血性，随波逐流，而如果总是处处讲原则的话，则会与众人产生隔阂，关系疏远。自己要站在中间的哪个位置上只有靠自己决定，而这也是需要勇气的。

明智的雇主不会喜欢唯唯诺诺的雇员。

在单位里若要受人欢迎，一方面既要有鲜明的原则性，刚直不阿；另一方面在非原则问题上又要能灵活把握，作出让步。

英格利特·贝当古曾被哥伦比亚的反政府武装——“革命武装力量”俘获，作为人质羁押在密林中长达六年之久才得以获释，本章用他的话作为结尾以飨读者：“在我囚禁的六年中我学习到了很多人性方面的东西。

每天我都无事可做，于是我就认真观察看守我的人，我看到在群体的压力之下人是多么脆弱，由于内心的恐惧，他们所说的话、所做的事都是违心的。”

实用指南

- 定期地内省自己工作中坚持的原则，并且问自己：“我是否已将这些原则用于日常的决策和行为中了？”
- 问自己：“在工作上我是否恪守原则，并且因此赢得大家的尊敬？”
- 再问自己：“我是否足够坚定，把持原则不放弃？”

12

包容

与人为善就是与己为善，这就是包容

互敬、互助和互信是一切人际关系的核心，在工作和事业中的各个方面都要做到这三点，反过来说，要远离那些只讲索取，不讲回报的人。

世上没有无求于人的人。

人性本自私，在呱呱坠地的啼哭声中就开始向父母索取。有的人对于父母的付出从来没有过感激，自私一世，只关心自己，利用他人以满足自己的私欲。这些人的生命中只有“得”而没有“舍”，他们只谈论自己而从没有想过别人，人世间就有很多以自我为中心的人，苦难因此而生。

以自我为中心的人会在单位里搞内部政治，玩权术，把单位弄得乌烟瘴气。如果这就是你的嗜好，那么本书对你无用，而如果你相信道德和职业操守在这个时代的工作中很重要的话，你就会发现“包容”是其中的核心。当一个企业以真诚正直为荣时，一定非常注重人与人之间的互敬、互助、互信和互相关心，无论是对于顾客、员工、供应商、经理层、股东还是周围的社区，大家的人际关系都很和谐，在这样的环境中“取”“舍”达到了完美的平衡,没有利益的侵占,大家都从彼此的交换中受益,结果公平,相互都能接受。

包容应该是人的处世哲学，包容的人付出会大于收获，不会恃强凌弱，违背良心。每个人都希望自己有良好的品行从而受到他人尊敬，包容就意味着要从自己所敬重的人身上学习其品行，培养自己所看重的这些品行，并在实际行动中表现出对人的尊敬及对品行的尊崇，这样也就能获得对方的尊重。包容还意味着支持那些愿意支持自己的人。信任也同样重要，要表现出自己对对方的信任，同时也要明确对方对自己的信任。

包容创造了一种平衡，在这种平衡中能发展出良好的人际关系，当人际关系中出现了不尊敬，不信任，不支持和不关心时，平衡就被打破了，关系就会疏远，自己也就不再受到欢迎。

要以包容的心去对待他人，这个主动权掌握在自己的手中，这就意味着要主动表现出尊敬、信任，一有机会就主动帮助和关心他人，不要等着别人先来关心自己。在与新的雇主或同事第一次会面时这一点尤为重要，在会面之前无论听到什么关于对方的风言风语，首先都要从最好的方面去看待对方，表现出自己愿意支持和信任对方，并由此表现出对对方的尊重。

实用指南

- 忘掉自己，而始终关注对方，看看自己喜欢对方的哪些优点，对对方的哪些方面很敬重，然后表现出这种敬重（例如，“上一次销售活动中你的表现给我留下了很深的印象”）。
- 总是以信任的心态对待他人，而对方往往也会用此诚信行事（例如，“我相信你明天一定能把这个 u 盘还给我”）。
- 当别人有求于自己时，一定要给予对方帮助；而如果对方曾有五次都没有给自己必要的帮扶，则不要理会他的求助。

13

每天都付出

越是付出，就越是富有

每天都付出一点。

好人总是能够得到认可，好人是慷慨的、开明的、诚实的，是值得信任的，他们言出必行，对人倾囊相助，多数企业都欢迎这样的人。

“每天都付出”是我个人的信条。我会尽量地大方，但不会隐忍退让，也不会受人剥削。我给予客户的，要比他们讨要的多。例如，我从不向客户全额地收取费用，而且总是会给他们额外的服务却不收一分钱；我不像有的律师或会计那样在对客户服务时不遗漏地计算服务时间（通常以五分钟为单位），然后不遗漏地收费。

我并非完人，我也有很多瑕疵，在我的自传里会提及这些瑕疵。但说到慷慨，我觉得自己是当之无愧的，与人大方是我的处世之道，与客户共进午餐时我会主动付账，而不像某些悭吝之人那样缩在一旁，等别人埋单。慷慨不仅适用于钱财，向别人表示感谢、赞扬和欣赏时也应如此。

给予并不仅仅指物品和金钱的付出，更重要的是要付出内心的一些东西，例如花上五分钟耐心倾听一位熟人诉说他的个人问题，这是内心的付出。

下文用菲律宾的两则故事作为本章的结束。第一则来自于《菲律宾观察日报》2008年12月14日刊，故事主人公叫雷·阿尔莫尼多瓦，住在马尼拉。2008年他52岁时被所在的印刷厂解雇，此后一直没有工作，每月靠他姐姐1 000比索（约合14美元）的微薄救济度日，他从姐姐给的钱里拿出一些买了针线，平日里再捡一些废弃的碎布和纽扣，然后用这些材料做成头巾，在头巾上印上一些标语，在有群众游行示威时他就向游行者免费发放头巾，当问起他在如此贫困的艰难处境下为什么还只送不卖时，他说："我不像贪婪的政客和商人，哪怕只有一点点钱，我也希望与人分享。"

哪怕只有一点点，也是可以给予的。

第二则故事要往回倒推四年。有一次我住在马尼拉一家宾馆，一天很晚的时候我去附近一个小商场买果汁，从商场出来时我遇到一个瘦弱的，留着络腮胡子的乞丐，他用结结巴巴的英语和我搭讪，我从口袋里掏出了全部零钱递给了他，总共大约有 英镑，他很感激我，向我行了个礼，顺手把钱利索地揣进了他破旧裤子的裤兜里。与此同时，大约十个十多岁的街头少年（他们没有家，平日里浪迹街头）看见了我在施舍，他们纷纷跑到我面前也伸手向我要钱，他们揪住我的裤子，嘴里说着：“先生，先生，先生，给点钱吧！”也不理会还站在一旁的那个年长的乞丐。当时我身上已没有一分钱，这时这个年长的乞丐看出了我的窘境，就开始很有风度地替我解围，他一边用当地的塔加路语劝说着，一边把那些少年推开，然后把手伸进自己的裤兜掏出我给他的那些硬币，一人一枚地分发给每个少年……这个可怜的乞丐是真心地尽力帮助比他更可怜的孩子，他的慷慨使我感动不已，我从他身上学到了很多，于是我决心要每天都有所付出。

实用指南

接下来的一周里给自己设定以下任务：

- 给予别人自己珍爱的三件东西。
- 捐一些钱给需要救济的人或需要扶持的社会活动。
- 留出半小时的时间去帮助需要帮助的人。
- 对做好事的人给予感谢。

14

随时说“行”（而不说“不行”）

说出“行”这个字，它不仅给予你力量，也给予他人力量

当你向别人索取时，你希望对方说“行”；对调一下位置，你对待他人时也应如此，能答应就尽量答应，这样人人都会欢迎你。

> 任何时候不确定时，就说“行”吧。

请说出“行”这个字，它是积极态度的核心。人天生都有消极性，小的时候大人常常会告诫我们不能做的事情（例如“那是烧红的铁，不能碰”）。有人曾告诉我，孩子在16岁以前最常听到的词是“不行”（“不行，不可以吃冰激凌”“不行，不可以看电视”）。

在预见到令人烦恼或自己不喜欢的事情时，“不行”这个词往往会变成下意识的、不由自主的反应。否定的态度是一种防御，说“不行”要比说“行”容易，“不行”是一个难以抗拒的词，却会使人消沉，变得无能。许多老板常常说“不行”，却不能勇敢地说“行”，他们之所

以说“不行”,是想树立一种权威感,使自己成为控制者。

在我事业的初期，我就明确自己在工作中无论面临什么样的挑战时,都要说“行”。当有人向我求助时，我从未拒绝过，即使是在事务积压，工作超负荷的情况下，只要有人有求于我，我也会很乐意效劳。倘若我的雇主向我要件东西，我就会认真地做，加班加点地干，而把自己的事情排在后面。

日子一久，我得到了“乐于助人”的名声，而不像某些人“难说话”“善推诿”。每次说“行”时，我就发现自己的能力又比自己所设想的增强了一些，说“行”给了我更多的学习机会，给了我更多挑战，从而也带来更多成果。即使雇主把我丢入“深水”，我也要说“行”，这样会使我更快地学会“游泳”。

有句谚语——有志者，事竟成。说“行”，就能使自己具备无穷的力量，它表达着渴求事业进步的良好愿望，使人积极向上。说“行”，你就会给雇主留下好印象——当他交给你任务时你会尽力完成，而不是摆困难。心态积极的人有饱满的热情，他们说“行”时充满了乐观，在任何组织里都受到尊敬。

如何说出“行”字也同等重要，说的时候绝不要犹豫，也不要说 :“能不能给我一点时间考虑？”说出“行”字的时候应该果断而坚定，当别人有求于你时你应该深知对方是信任你的，知道你有能力帮助他。当你的雇主希望你承担有挑战性的任务时，说明他对你的能力是有把握的，你应该当场答应下来："行！我乐意做这个项目。"你可以在答应下来以后再考虑细节问题，制订相应的计划。

"行"教会你把握机会，而"不行"则使你看到满目的问题和困难。

说"行"的时候有两个重要条件：首先，"行"只能对自己信任的人说，当缺乏信任的时候，就有可能会出现老话里"马善被人骑"的事情，在这样的情形下不做也罢。

其次在做选择时，虽然首先要考虑说"行"，但也不是人云亦云，不能变成溜须逢迎的马屁精或"好好先生"。

本章中所说的"行"是针对挑战而言，不适用于"利用"或"顺从"的情况。

实用指南

- 说"不行"之前要考虑五次，而说"行"时只需要想一秒钟。
- 对机会说"行"。
- 不要只看到问题和困难，不要只会说"不行"。
- 请参阅丹尼·华莱士（Danny Wallace）的书《好好先生》（*Yes Man*）[1]，观看金·凯瑞和特伦斯·斯丹普主演的同名电影。

[1]《好好先生》，丹尼·华莱士著，Ebury 出版社，2005。

15

勿失信于人

请身体力行这两句箴言：

- “言如其行，行如其言。”
- “君子无戏言。”

如果因为自己一点点小事没做好使他人失望，因此而自责的话，那么说明自己有意识要做个让人信得过的人；反过来，如果自己总是食言，并且为此找借口的话，就可能会落下个“靠不住”的坏名声。究竟要做哪一种人，选择在自己，若想在职场受欢迎，“可靠”是一项关键的品行。

任何组织里都会有两种人，一种是始终可靠的，一种是靠不住的，在某些职业中——例如驾驶飞机——要求的是绝对的谨慎可靠，如果空乘人员有一丝不可靠的迹向，我是绝对不会乘坐他们的飞机的，对于外科医生和建筑工人来说也同样要求绝对可靠。

说到建筑行业，许多从业者都不可靠，我在英国曾迁居的一套“高品质”新房里就发现了至少六项质量问题。在政界，政客的名声也不好，只有少数人能履行自己的承诺，多数人会编造理由，投机取巧，最终都是不可靠的。

“只动口不动手”“说得到做不到”“说一套做一套”的人是不可靠的，最终只会令人失望。

交货延迟，火车晚点，回复迟滞……这些不可靠的事情每一天都影响着我们的生活。总是有人上班迟到，总是有人办事不牢，并且影响到他人的工作，当今社会人们的压力都很大，而“不可靠”却像流行病一样四处传染。

出问题时找外部原因是最投机取巧的办法，例如迟到时可以辩解说是因为堵车或是工作太忙。许多人会像政客们那样总是随口编造出一大堆客观理由来解释自己为什么不能履行诺言，总是辩解说自己出问题是事出有因，情况无法预料。对于这样的理由雇主第一次会接受，第二次会容忍，第三次就不会轻饶。

不要为办不好事情找借口，除非是遇上特别紧急的情况（“特别紧急”本来就罕见）。若要在优秀的企业里得到赏识，就要有坚定的“持重守信”的心态，如果因为做事不力而令他人失望的话，自己应该会感到极度的羞耻。

具体举例来说，要做到：

(a) 准时。

(b) 总是按照计划完成。

(c) 每次都按时提交约定的结果。

(d) 当需要的时候能提供相应的信息和文件。

(e) 作出承诺并且践行承诺（例如按约定在下午 2 点钟回电话）。

(f) 需要自己的时候自己在场。

对于想要在社会上立足的人来说，“做可靠的人”是他们每日都坚守的信条，他们迎难而上，永不言弃，在关键时候给人帮助，从不让人失望，百分之百可靠。实际上这样的人不多，但若想要做受欢迎的人，就一定要做这种“少数人”。

实用指南

准备一张思想检查表，列出自己每天作出过的承诺并且如实回答：

- 自己是否履行了这些承诺？另外，如果连承诺都不敢做，那么就更不可靠。准时只是一个例子，履约是另外一个例子。

事业激励❹

学院

- 你本人、你的工作、事业以及生活共同构成一个“学院”。
- 如果在“学院”因不好好学习而退学的话，责任在于自己。
- 学习不好时，不要以自己基础不牢或“学院”教得不好为理由。
- 你自己就是老师。
- 你的世界就是学习资源。
- 每件事、每个人、每个地方都是学习资源。
- 通过课程学习以及运用，创造出自己的世界。
- 没有学习就没有进步。
- 通过学习为自己美好的明天打基础。
- 唯有通过学习，自己才会“受欢迎”。

16

量化

对于成功若没有衡量的“度”，工作和事业就不可能成功

想要提高和进步，“度”的衡量（包括定性和定量方面）是一个关键要素。

> 必须考虑哪些事情对于自己、自己的团队、雇主、顾客以及股东重要，并且把握重要性的尺度。

现代管理中流行“绩效量化”，于是处处搞量化，这往往造成为量化而量化的弊病，结果是量化标准泛滥，内容不切实际，与顾客及股东所期望的结果相去甚远。

但不能因此否定量化的重要性——马拉松运动员在练习中一定要掐时间，制订训练目标，这样才能提高。不量化怎么行？

若要进步，就一定要有可衡量的提高目标。如果你是销售员，以往的业绩表明你每与客户通话十次就能成交一次，那么工作效率就记 X，如果你现在制订的目标是每通话十次成交两次，那么工作效率就记 2X。

在企业决定是否聘请你担任你自己向往已久的工作时，你对自己已有的成果的量化就是一份宝贵的事实材料。同样的，带有主观判断的定性评估也很重要：对于接待员工作效率的评估，不能以她微笑的次数或是访客点评的次数计算，对其态度、行为和工作方式的带有一定主观性的观察评估是必不可少的。

对个人进行评估时要注意以下几个关键：

1. 标准必须简明（容易理解，也容易执行）。
2. 标准必须与工作所期望的结果相联系，必须是有意义的。
3. 标准的数量不能多（三至六条为宜）。

满足以上三条的衡量标准一定是容易识记的，能有效地指导日常行动，使人进步。说到行动上的进步我们可以举个例子：在接待顾客时，不是将产品“推”给顾客，而是“建立关系，了解他们的需要”，然后以销售结果作为衡量自己成功的标准。

到达一定的境界后，就不能等着组织给自己制订衡量尺度了，如果组织制订了标准并且送到自己面前时，那就接下，然后认真照做。不过，更好的方法是自己制订成功的衡量尺度，然后按照目标去努力，这样的尺度更有意义，对于自己更明确具体，日后一定会给你所看重的人留下深刻的印象。

实用指南

- 一次关注一个标准，专心致志地干上一天或者一星期。例如，专心提高对客户的反馈速度，这就是一个可衡量的、有益的、能带来实效的尺度目标。

17

“课外”知识

95%的学习都发生在课堂以外，而不是从书本或是知名教授的讲座中得来的

制订自己的学习计划，改进目前的工作表现，在事业上进步，在每日的学习模块中教自己。

那些将学习局限于课堂和教科书，一门心思考证书的人在事业上会束缚住自己的手脚。在社会大学中“课程”是无限的，在追求自己的目标（“受企业欢迎”）时，要制订自己的学习计划，“简历”一词的本意就是“生命的过程”（或“一生的课程”），是人生的轨迹。

学生们都是通过课堂学习获得学分的，这很容易，也很传统，但在事业上若要胜出，就得从各种正式或非正式渠道学习额外的知识，而且毕生都要学习，要有意识地，正式或不正式地学习。

要做到这一点，就得读书，读专业期刊，参加专家研讨会，向智者请教，要绘制出自己的学习路径并

且努力学习——譬如学习工程养护（如果你计划在建筑服务或房地产管理方面做一番事业）或是保健预防（如果你希望在职业病研究方面有所建树）。

在事业上若要胜出，就得正式或不正式地学习额外的知识。

如果你有意应聘公交车司机之职，那么可以额外地学习道路安全、顾客服务等知识，了解一些当地名胜，这样受聘的机会会更大。只会开车是不够的，既会业务又有“课外”知识的优秀公交车司机才受欢迎。

自己的人生路线不可能由他人来设计，自己在实现理想的道路上所要学习的“课程”也不可能由旁人来安排。当你走出学校的大门时，要知道自己还有很多东西要学，这是很重要的。真正的学习挑战其实是在毕业后才开始，主动迎接这些挑战的人在生命中的每个阶段都会努力学习“课外”知识，例如，投身信息技术事业的人在还未进入公司接受培训前就会学习数据保护方面的知识，他们不是等着公司培训，而是自己培训自己。成功的人士不仅抓住机会在雇主提供的培训中学习“课内”知识，还会主动搜寻其他各种可用的学习资源，在此基础上锻炼出专业才干，并且受到企业的欢迎。

问题：

昨天你学了什么？

学会了什么？

实用指南

- 若你有志于做团队领袖，请学习心理学。
- 若你有志于做高级经理人，请学习历史。
- 若你有志于做企业家，请学习人类学。
- 一周至少花两小时阅读和研习学术期刊。

18

做“知者”

要“先知”而不要“后知”

每天都要了解时事，做一个“知者”。若想在自己企业中事业长进，就要了解企业的最新动态，此外还要了解自己专业的最新发展动向，上网了解新闻，结识了解企业状况的人士。

新闻就是“热点”，不能对身边世界所发生的事情不闻不问，“幽禁”自己。新闻带给世界“刺激”，没有新闻的生活是乏味的，如果自己对时事一无所知，别人看自己也会觉得乏味。

要提高自己的水平，就得时时了解组织内外所发生的事情，还要了解自己行业方面的发展动态。要把耳朵贴在地面上，探听每一个信号，了解对团队，对企业，对自己的才干，对自己的行业会有影响的变化。

> 请把耳朵贴在地面上，探听每一个信号，了解对自己以及团队会有影响的变化。

为此要了解时事，了解石油的价格、美元的币值，了解这些变化对自己所处工作(或自己打算从事的工作)环境的影响；要了解当下的竞争格局，了解经济走势，了解这些因素对自己企业的产品和服务的市场影响如何。

除此之外还要了解自己企业内部的变化，例如处所的变更，新设备的投资，组织结构变动等。若公司新派了主管，最好要知晓其背景——说不定在电梯里就会撞见他（她）！

了解时务的最好办法是与消息灵通的人士多来往，尽早了解情况。重大消息在人际关系网中传播的速度远远快于在正式渠道中传播的速度。

信息上的灵通使你在会晤和“职业测试”等场合中处于一个有利的位置，在回答某些问题方面占优势。例如：“昨天宣布要将中部的工厂迁往广州，你对此有何想法？”若你说对此事一无所知的话，只能说明你对公司事务漠不关心，一定得不到赏识，因此你事先最好了解一下广州市位于中国的哪个地理位置（而且最好还要会念“广州”这个词）。

问题：

你是否知道公司最新的营销活动或是企业文化发展项目?

对企业相关信息的了解表明自己对企业的关注，这样就更受企业欢迎。

许多专业机构都强调组织成员每年必须花一定的时间进行专业方面的后续性深造，了解专业动态——这样的要求是很重要的。受欢迎的员工不仅能达到这样的要求，而且常常是超过了要求，他们对自己的专业充满热情，经常更新自己的知识，他们广泛阅读新闻、报道、报刊（在信息获取方面“谷歌”网是一个很有用的工具），从中汲取营养，提高自己的专业素质，从而在雇主或客户面前有更高水准的表现。此外他们还会搜集并且阅读知名专业人士的最新著作，参加专家的会议及研讨。

若是在专业方面孤陋寡闻，就会被人看作三流员工。

在客户面前也要做一个“知者”，这里所谓的客户既包括外部客户，也包括内部客户。在竞争日趋激烈的社会里客户总是要求尽善尽美的服务，他们不需要二流的医师，不需要三流的电脑技工。病人眼中的医生，应该知道最新的药物，并且了解其功效和副作用。购买手提电脑时，顾客都会找识行的销售人员，希望销售人员知道昨天刚上市的两款相近的电脑的相关信息，并且能够进行比较。

实用指南

做一次自测，回答下列问题或是类似的其他问题：

- “你是否知道最近组织结构发生了怎样的变化？”
- “你是否了解企业历史，是否了解企业未来的规划？”
- “你是否详细了解了自己专业方面最新的发展？”

19

每天都学点有趣的东西

世界上的每一个人都是有趣的，只有极少数例外

将自己全部的社会交往看做是不间断、不枯竭的学习机会，对人保持兴趣，向别人学习。

除了天灾之外，这个世界上所有的问题其实都是人造出来的，包括战争、领土争端、极端主义、犯罪、事故、离婚、家庭恩怨、行业纠纷、罢工、雇主欺压、雇员不满……人生不容易，人因此变得复杂，人所形成的群体也变得复杂。人们都渴望理解，而理解又总是不够，相形之下没有生命的汽车、飞机和电脑倒是很容易理解，毕竟这些东西都是人设计制造出来的。

受欢迎的人是从生活这所大学毕业的。

若要做到善于理解别人，最好的方式是先树立这样一种认识：世界上的每一个人都有他自己的价值，在行为和态度方面都有其独到的见解和观念。要达到

这样的认识高度，就要摒弃自己的偏见，谦虚做人，在与人交谈时流露出“我要好好向你学习”的态度。或许你已是企业的一把手，然而即便如此，你还是可以从企业最下层的员工那里学到很多东西。

要把理解他人、学习他人做到实处，则应该在每日与熟人或生人交往时对人保持兴趣。当你对人产生兴趣时，就显露出对所交往的人的重视，显露出你对其人生观、事业观的认同，对其为人处世的敬重，表明自己不带偏见。通过自己对他人的尊敬，就能赢得他人对自己的尊敬，由此建立起相互理解的人际关系，而这就是和谐的关键，如上所言，这种理解和和谐恰恰是这个世界最需要的。

许多人对自己的兴趣远远超过了对他人的兴趣，这种自闭在许多地方会形成风气，导致一些冲突的发生，如果自己有意或无意地发出“我比你重要，我的利益优先”的信号的话，就很容易产生疏离。

每天保持对他人的兴趣其实很容易做到，星期一早上上班时，可以问问别人路上遇到的事情，而不要只顾讲自己的事情，要乐于倾听别人的经历，了解他人生活中的冷暖。

要多了解别人，多了解别人的认知过程，了解他们的诉求，这样就能更好地经营人际关系，自己若能善解人意，就一定更受欢迎。

当你寻找更多有趣的（特别是与人有关的）东西

来学习时，就会发现自己在别人眼中也成了更有趣的人，从而在组织中更受欢迎。

实用指南

- 每晚在回家的路上都要想一件当天发生的有趣的事（最好是与人相关的）。
- 参加会晤或出席重要会议时要关注在场的人。

20

原创性研究

不要倚赖他人给自己答案，在一定的专业领域里自主研究

要通过自己（以及他人）原创性的研究增长自己的见识。现在就开始在自己选定的专业内进行研究，想一想要如何才能做到第一，与第二要拉开什么样的差距，然后以第一为目标，用自己的努力去达到。

你可以通过考察和学习他人的研究成果从而获得新知，但若要受到重用，还得开创自己的研究才行。

在与内行交流时，借用公开出版的报告、数据以及结论的做法是没有多大意义的，因为这些东西内行都懂，他们至多只是因为看到你了解这些信息从而对你比较放心。但若是要给包括招聘小组等人在内的重要的人物留下深刻印象，就得探索未知的事物，找到难题的线索，唤起他们的兴趣。若是你能运用自己

> 探索未知的事物，找到难题的线索，使老板为之心动。

的研究，对组织面临的关键问题提出自己的见解，就能使他们相信你有为组织作贡献的潜力。

开创这样的研究其实并不困难，你可以在自己选定的专业内进行研究，想一想最优和次优之间的差距，搜集鲜活的事实和证据来说明这些差距。举个例子来说，假若所选定的研究领域是“激励”，你的研究就得能说明为什么某个团队士气高昂，而另一个团队却显得逊色。再举个例子，假若选定的研究领域是行业内顾客服务的发展趋势，你就得能提出自己的证据支持，对现状有自己的见解，并提出改进的建议……可选择的研究领域多种多样，例如安全方面的研究，操作有效性的研究，某种投资及其长期赢利能力之间的研究等等。

做研究不等于当科学家，成天在实验室里工作，也不需要正经八百地设立什么调查分析项目。更好的方法也许倒是将研究看做一种非正式练习，就像玩拼图一样，一片片地找，一片片地拼。

做研究很能激励人奋进，因为通过研究能得出别人所没有的答案。在我们生存的这个世界里人们所拥有的知识其实很少，而且非理性总是超越了理性，这一点在马克·戈尔斯泰因(Marc Gerstein) 2008 年的著作《与灾难共舞——为何意外很少

问题：

目前你在改进工作方法（或学习方法）方面进行着哪些研究？

是由偶然引起》(*Flirting With Disaster——why accidents are rarely accidental*)[1]中得到了印证。在书中他列举了一些案例，说明金融领域中决策的非理性所导致的灾难……一些组织通过“内部”研究后，能指明决策中的非理性，并且指出这种非理性所导致的效率低下、官僚主义以及毁灭性的决策错误，这时候往往会给组织（以及个人）带来改进的转机。研究能带来各种各样的改进，能自主独立地开创研究，为组织带来进步的员工一定是受欢迎的员工。

实用指南

- 持续地进行顾客研究，不断改进工作。
- 对你有志于加入的组织进行研究。
- 研究自己所在的组织或社区中对人起激励作用的因素。

[1]《与灾难共舞》，马克・戈尔斯泰因著，Union Square 出版社，2008。

21

做“榜样”

要成为别人的榜样，自己要“亲身”学习他人的榜样

为自己制订一个个人计划，一年至少拿出两天时间去学习一下自己专业领域相关的榜样，把学习体会铭记于心，并且加以运用，争取日后自己也成为“榜样”。

多学百分之一，一切就会因此而不同——这百分之一要向专家学习。

当你聆听一位顶级专家的报告时，迷茫渐渐退去，一种宝贵的内部学习进程却正在发生。为听“现场”而花点时间和金钱是非常值得的，就像听顶级交响乐队（或摇滚乐队）现场演奏会一样，与听唱片的效果是不可同日而语的。

成为榜样（并且因此受到企业欢迎）的关键就在于要参加有顶级专业人士发言的研讨会。在我看来，“内部”研究的作用是很有限的，尤其是在领导艺术、激励和服务等“软”技巧方面。组织内部的培训者由于受到组织的约束，自身并不独立，观点会有偏向性，他们

越是想做得好，往往就越是忠于上级所给的培训要求，按培训手册做工作。当内容是由别人而不是由自己设定时，你很难成为别人的榜样，因此，一定要“做自己”。

能成为榜样的人在发言时讲的都是自己原创性的内容，他们不仅是提供宝贵经验和专业知识的源泉，而且给人以智慧和鼓舞，他们的榜样力量会帮助你也成为榜样，他们给予人的益处是一生受用的，而且能够用在很多看不见的地方。

近年来我听过两次亚历山大·麦凯尔·史密斯的讲话。史密斯不仅是一位畅销书作者，而且也是一位杰出的演说家，当我听完他的讲话离开会堂时，我学到了更深邃的思想，学到了关于写作和演讲方面的新知识。我两次参加，两次都有新的收获，每参加一次，我的大脑都会加速运转——亚历山大·麦凯尔·史密斯就是一个榜样。

我还遇见过许多其他的榜样——我有幸参加过比尔·盖茨（微软公司的创始人）、麦克尔·戴尔（戴尔电脑公司创始人）、杰克·威尔奇（通用电气公司前首席执行官）和理查德·布兰森爵士（维珍集团公司创始人）的演讲会，他们的演讲鼓舞人心，从他们身上学到的东西直到现在对我仍然有用。乐队指挥、领导艺术大师本杰明·桑德也是这样的榜样，他的音乐会我破例地听过五次，两次在新加坡，三次在伦敦。上述的这些大师对我的一生起到了很大的影响和帮助，使我在自己的工作中小有所成。

他们给了我额外百分之一的学识，而这百分之一在很多地方都派上了用场。因此，自己若要成为榜样，就要认真选择自己要学习的对象，通过学习来提高自己。许多专家都会不时地做一点讲学，当他们讲学时不妨去听听，如有必要，可以向自己的公司申请一点资助去听讲学，如果公司不资助，就自掏腰包去听。

我结识一个在银行供职的年轻人，他因为出众的银行产品销售业绩而成为国家银行界联合会中的顶级人物。为了成为（银行产品销售方面的）榜样，他在个人规划中就计划好自费参加诸如安东尼·罗宾斯等世界知名演讲家的发言会。他之所以自己出钱，其实是因为他所在的银行不愿意出，但这并没有影响到他的学习，难怪他会在自己的专业领域里成为第一，不论走到哪里，都受到雇主和顾客的欢迎。

实用指南

- 不要浪费时间参加没有意义的研讨会，在会上看着手表发呆。
- 要明确自己的学习目标，寻找目标领域中的专家。
- 准备自费到世界各地旅行，体验“榜样”，并且学习他们的专业经验，你的投资一定会有丰厚的回报。

22

倾听他人之所倾听

“深一层”倾听和“深一层”影响能够帮助你更深入了解他人，了解他们“来自何处”，了解他们的本质

若要做一个成功的倾听者，就应该在倾听人们话语的基础上更深入一层地去理解他们的内心，这就要求倾听他们所倾听的事，了解对他们思想产生影响的事物。

若要了解人们“来自何处”，自己就应该亲自“去到那个地方”。

著名的普图马约世界音乐唱片公司（Putumayo World Music）创始人、首席执行官丹·史多坡（Dan Storper）与世界音乐的接触是在他经营的服装和手工艺店里开始的，他会留意购物的顾客在听店内背景音乐时的反应，对于能唤起顾客注意力的音乐他会仔细研究，这种研究对他产生了影响。1993 年他开始创立一种音乐形式，并为此专门进行编曲，后来普图马约公司取得了巨大的成功。如今史多坡每次对新上架的CD进行选择决策时，都要召集员工开听音会，以使员工能对决策产生影响作用。

仅仅倾听人们的话语是不够的，若要进一步了解人们的内心，就要往下深入，倾听他们所倾听的事，了解对他们思想产生影响的事物。譬如，你现在知道自己的老板每天早晨都会收听四台的《今日》节目，那么在她谈论时事时，你就知道她的看法是受到哪些因素的影响，这时候你不妨也听听《今日》节目，从而更深入了解老板的内心世界，这一定会增进你与她的关系。

“深一层”倾听和“深一层”对影响因素的了解始终能给你带来好处，而且“深一层”的倾听并不强求你一定要喜欢其中的内容。你的雇主热衷于瓦格纳的音乐并不意味着你也必须喜欢瓦格纳，雇主在工作中不会遇到很多喜欢瓦格纳音乐的人，如果她发现你对瓦格纳还有点兴趣，也听过一些瓦格纳的名作，那么你们之间的关系就有很大的发展空间了。

作为一个“国际人”，我对美国影响世界的程度很感兴趣，因此我一直在密切关注美国总统巴拉克·奥巴马的选举和就职历程，我听他的演讲，关注与他有关的电视节目，尝试探索他的内心世界。奥巴马受亚伯拉罕·林肯总统的影响很大，于是我由此启程，进入了深一层的发现之旅，阅读了大卫·赫尔伯特·唐纳德（David Herbert Donald）著名的《林肯传》[1]。我发现之旅的下一站是多里斯·科恩·古德温（Doris Kearns Goodwin）的畅销书《对手的团队》（*Team of Rivals*）[2]，这本书阐述了林肯杰出的政治才能对奥巴马的影响很深……通过了解林肯，我更好地了解了奥巴马；通过了解奥巴马，我又更好地了解了当今美国对世界的影响。

这种"深一层"的倾听和影响原则同样适用于所有你希望与之建立长期（而不是表面）关系的人。假若你的团队成员中有阿森纳的铁杆球迷，那么你不妨看看阿森纳·温格的电视讲话（如果读者读到此处时他还在位），了解对他产生影响的事物。（在此对非阿森纳足球俱乐部的球迷表示歉意——为说明问题，我不得不选择一个球队作为例子。）

"深一层"的倾听和影响最终的总体效果就是你会在人们眼中成为一个"有深度"的人，受到人们的重视和欢迎。

美国前总统比尔·克林顿在 2008 年 12 月 10 日的电视采访中说："我对不同处境下的各种人都充满好奇，我的成长也伴随了各种经历。我出生于前电视时代，10 岁时家里才买了第一台电视机，我周围的人出身都很卑微，努力工作，从来不敢休假。当我和不同的人

[1]《林肯传》，大卫·赫尔伯特·唐纳德著，Simon & Schuster 出版社，1995。

[2]《对手的团队》，多里斯·科恩·古德温著，Simon & Schuster 出版社，2005。

交往，倾听他们的故事时，我都把这当做是一种享受，直到现在这种‘享受’还在我的工作中起着影响作用。”克林顿学会倾听他人所倾听的事物，由此发现了对他人产生影响的因素。

当你下一次去应聘时如果老板问：“你有没有什么问题要问我？”我建议你这样回答：“我很想了解对你人生有关键影响的人物。”如果他反过来这样问你，你心中要事先准备好答案，在这个问题上，“亚伯拉罕·林肯”是一个很好的起点！

实用指南

- 每天给自己一个任务——更深入了解人们所思所言。
- 倾听他人之所倾听，去探寻对他们产生影响的事物，由此更深入了解他人。
- 查找对他人产生影响的事实和观点的来源，然后在可能的情况下查找原始出处，进行研究（如果对某人产生影响的来源是他的妻子，而他又对妻子唯命是从的话，请不要运用此方法）。
- 总结对自己产生关键影响的因素，例如审视自己心中的榜样以及你立志效仿的人物。
- 总之，围绕“影响”进行查找和研究。

事业激励 5

说话不容易

- 《简明牛津英语辞典》有 240 000 个词条。
- 英语中五个词构成的句子约有 6.4 万亿个。
- 有效的沟通是有难度的。
- 关系依存于沟通。
- 有效的关系是通过努力的沟通完成的。
- 随意性的沟通带来的是关系的疏离。
- 事业因沟通而进步。
- 要确定哪些话不该说并不容易。
- 要确定哪些话该说并不容易。
- 说话时决定用哪些词语并不容易。
- 决定如何说并不容易。
- 精于沟通艺术的人受欢迎。

23

二次创造

一切事物的创造都要历经两次，第一次创造是在思想里，第二次创造是将其变成实物。

——史蒂芬·科维博士

在做工作之前（无论你对工作的定义是什么）先想象一下自己在工作时的情景。

若要有效地开展工作，首先必须演练一下，至少要在思想里演练一下。准备工作是非常重要的——虽然我们在此谈论的只是思想中的演练。其中一种演练就是奥运会运动员经常说的“情景想象”，他们会想象自己在场上参加竞赛和获胜的场面，想象在奥运会中获得金牌的情形。

所制订的目标无论是长期还是短期，都可以经历想象、演练和实做三个环节，这三个环节对于每一天的工作，甚至每一个小时的工作都适用，倘若对于每天的工作步骤自己心里没有一个设计，那么又如何谈得上出成绩（乃至实现理想抱负）呢？

当日程排得太满，使你奔忙于一个又一个会议时，你就会没有时间事先思考下一步该做什么，这样做的后果是使自己处于疲于应付的状态，没有时间仔细思考，工作的主动性受到抑制。受企业欢迎的人与那些只会做事，只会按部就班而不动脑筋的人之所以不同，关键就在于他们会准备，会演练，对于所要做的每件事情他们都会先思考。

例如，在撰写本章之前我会在脑海里先构思一下要点，设计一下内容展开的方式，当然，在实际实施时还会有新的想法跳出来，不免也需要一点即兴发挥，但总的说来，我对于自己要写下来的东西一定会在思想里先进行演习。

演练和准备工作对于打造自己的未来有大用。

在向高层领导作报告时或是换工作的过程中进行面试陈述时上面的方法也同样适用。在我事业发展的中期，我经常会在家里高声演练工作报告或者面试陈述，我的一些家人觉得我有点癫狂，但这样的演练却真正有助于我在自己的目标方向上更上一层楼。

当然，随兴而作或是临场发挥都有其明显的可取之处，但在对自己未来的塑造方面这些做法要讲究一个度。演练和准备则不同，他们对于你塑造自己的未来是有大用的。经过演练和准备的精妙措辞能帮助你博得人们的信赖，决策者也会因为你语言背后的深思熟虑而对你寄予信任，最终你会成为非常受欢迎的人。

实用指南

- 脑海里铭记自己的总目标蓝图，月月日日思考，设想达成每个目标所需要的步骤。
- 查看下周的工作日程，筛选出最重要的会议，在脑海中演练自己在会上的发言。
- 记住这句老话——熟能生巧。每件事情首先要在思想里练习一下，即所谓的“心灵演习”。
- 参加任何重大会议或会晤前，一定要留出几分钟回想一下事先的“演习”，回想一下自己要达到的目标。

24

与陌生人说话

世界上最容易的事是与认识的人说话，而与陌生人说话则困难得多

给自己一个挑战——每天至少结识一个陌生人，与他（她）建立类似于商务的关系。

人若安于现状，则必定事业无成。而若是贪图安逸，最闲适的事莫过于只和与自己合得来的人交往。人性中这种趣味相投的倾向无所不在：扎堆的现象在餐桌上随处可见，参加培训时，同一个公司的人会坐在一起……聚在一起的人会形成小圈子，无形中向外界传递出“不欢迎陌生人”的信号。无可否认，与陌生人交流的确是一项困难的工作。

成功人士在与从未曾谋面的人打交道时能够驾轻就熟。

成功的人会逾越这些沟通障碍，他们在与从未曾谋面的人打交道时能够驾轻就熟。这种技巧并不容易掌握，但却又非常重要：当你到一家公司求职时，假若你所遇见的人——从保安到接待员，从人力资源专家到高层领导——都是素昧平生，那么与陌生人沟通的技巧就尤为关键了。

通过与陌生人沟通能力方面的锻炼，你就更容易受到企业的欢迎，这种能力展示了你的自信，说明你不会固步自封，社交圈子不会只限于最熟的同事。

这种能力还说明你能与顾客、供应商等各种人交流，尤其能与那些情绪摇摆不定，行为怪异的人交流。这些人很难打交道，而且往往会回避与人的交流，若是你能与这些人得体地交谈，那么你就有能力与各种形形色色的人交流。

在商务活动中与陌生人会面时，宁可正式一些，切不可随意，这样有助于建立正常的关系。例如在说“你一路来时天气都不好，我很高兴你终于到了”这类话时，措辞要依情形而有所变化，在与生人交谈时这种人情世故的拿捏是很讲究的。

另一种有效的方法是在工作中无论遇见什么人都对其保持兴趣。当你对人表现出兴趣时，就能体现出你对他人的重视——即便这个人你以前从未见过。

问题：

列举上周你结识的一个陌生人，说说你从这个人身上学到了什么？

与陌生人谈话是需要练习的，如果有人将目光投向你，那么就去和他（她）交谈，绝对不要将自己的视线移开。你可以先从一些无关痛痒的问题开始，例如“今早路上好不好走”。也许很多人会对你不在意，但有的人则会开始认识你。通过这样的练习，你就会获得信心，为迎接重大时刻做准备，有那么一天你的陌生的新老板会走入你的生活，他会希望你加入他的团队，而之所以他看上你就是因为其他应聘者没有哪一个问他早上来上班时路上好不好走。

2009 年 1 月 20 日，美国华盛顿市将近两百万群众聚集在国家广场以及宾夕法尼亚大道观看奥巴马总统的就职典礼。在电视采访中群众说得最多的一句话就是：“每个人都那么友善，乐于助人，大家都在相互交谈。”

世界本该如此，一个组织也应当如此，每一个人也应当如此，请把自己周围舒适的堡垒拆掉吧，步入商务的世界，去和人交谈！

实用指南

- 开始与人们进行目光的交流。
- 注视今天遇见的第一个陌生人，如果他用眼神回应你，就请与他交谈。（例如，当你步入电梯时看见一张陌生的脸，请说：“早安！今天好吗？”）虽然你有可能会被冷落，但更有可能会认识一个有意思的人。

- 在员工餐厅就餐时，坐到一个不认识的人身边，和他开始交谈。
- 在公司里巡视，到自己没去过的某个地方看一看，在看到第一扇开着的门时走进去，先做一番自我介绍，然后问：“这里是做什么的？”
- 当出席会议时，一定坐到不认识的人身旁，然后和他们交谈。

25

表达观点

当你没有自己的观点时，会被人看低，人们会觉得你无足轻重

要敢于对自己的观点提出质疑，准备发现并承认自己的错误；表达观点时要三思而后行，要把观点转化成建议，永远不要强求别人的赞同。

观点有时会因为偏激而危险，但没有观点又是万万不能；观点错误会带来麻烦，但没有观点又会让人处于严重的劣势，使这些人在重大的用人决策中被忽略。

> 观点主要不是来自于事实本身，而是主要来自于人对事实的理解。观点是人对事实抱有的态度取向。

在激烈的辩论中，不表明观点是一种取巧的办法，而力排众议，勇敢表达自己的观点则是很艰难的一件事。在前面述及的马克·戈尔斯泰因的著作《与灾难共舞》中，有一些人对灾难隐患本来有自己的观点，但由于自己是“少数派”，担心

说出观点会受到迫害，从而选择了缄默，而他们的缄默却最终给灾难让行。对于这些人来说，面对高高在上的老板仗义直言是困难的。

表达观点的技巧不仅仅在于“说什么”（这本身已经很困难），还在于“怎么说”（这更困难）。受欢迎的人既会表达观点，也会得人心。

假若你想劝说一个人，而你知道自己的看法会激怒对方，那就不要对这个人说。自己有看法应该对那些能开明纳谏的人说，与他们进行细致的讨论，寻求最好的决策。

当灾难迫近别无选择时，只能直言不讳，做“少数派”，准备好承担被众人孤立的风险，然而此时你内心良知的明灯却更亮了。

当结果确定可知时，决策是很容易的，此时不需要观点，有事实足矣，大家都会形成共识，然而当不确定性存在时，观点差异就产生了。可以说，争论越充分，决策正确的几率就越大，当你对同事的观点持有疑义时，可以考虑以下两项重要原则，确定运用了这两项原则后再下结论：

1. 保持开放的心态，要想到别人的观点也许比自己的有道理。
2. 如果有人提出与自己相左的意见，千万不能因此而感情用事。

真正善于建立关系的人会认真聆听并且努力汲取别人的观点，他们在综合考虑了其他所有人的观点之后最终会形成自己的观点。当其他人的观点存在严重分歧时，他们会寻找其中的共性，排除差异，如此一来有分歧的观点会渐渐转化，最终形成统一。

若要学会表达观点，就要掌握何时应该改变自己的想法,何时应该坚持自己的立场,这是一种高级能力，倘若时机和分寸把握不好，当别人的观点明显地优于自己的观点，自己还执迷不悟时，就有可能会被别人贴上“极端主义者”的标签（最终无人理睬）。

在工作中涉及到决策时，自己所持有的观点应该是经过认真讨论的、正确的观点，这样提观点的人就会成为受优秀组织欢迎的人。他们会对企业事务提出自己的看法——新的工作服款式、即将开展的新培训项目的内容、办公室的重新装修、值班表的变动、降低成本或提高销售收入最好的方法……然后他们会把看法转化成建议。

在民主政治中的原则是少数服从多数，然而就我所知的组织中，无论是商业组织还是非商业组织都不是民主式的——上上下下忙碌的决策者是老板，而老板不是选举产生的。最好的老板会倾听并且考虑他们所器重的团队成员的观点和建议，你要争取成为这种团队中的成员，然后以建议的形式表达自己的观点。

实用指南

- 自己在形成观点之前要先获取事实并且对事实进行研究。
- 自己在形成观点之前要吸纳与决策相关的同事的观点。
- 永远不要以个人私利为基础形成个人化的观点。
- 无论自己与他人的观点有多大分歧，都要对他人表示出尊敬。
- 努力将观点变成建议。
- 在自己观点的基础上不断寻求提出建议的机会(尤其是在重大会议中)。

26

讲故事

没有了故事人也就不成其为人，不过与动物无异罢了

要学会讲精彩的故事，首先要学会听好故事，每讲一个故事之前，先听其他九个人所讲的故事。

随时把故事准备好，但只有当听者真正想听，并且能从中获得宝贵启示的时候才讲。

人际关系是靠故事来滋养的，故事给人与人之间的交流注入了活力，就如同饮食一样是人们生存不可或缺的元素。理论、事实、想法和观点都是难以消化的东西，但若将其放入有滋有味的故事中就变得可口多了。远古时候，甚至在书面文字还没有发明之前，人类的学习就是通过讲故事来进行的，村中的长者会讲述古老的神话和传奇，然后就这样一代一代口口相传下去，事实总会因人的加工而丰富，发展成故事，并且使人从中学到宝贵的经验。

已故的阿尼达 · 罗迪克(Anita Roddick)生前常常回忆她1976年在英国布赖顿市开设第一家Body Shop的故事，通过讲故事，她学会了不满足于现状，锻炼了努力工作的毅力，她还从中体会到了热情的重要性，学会如何在工作中全身心投入，并由此成就了她1991年的著作《身体和灵魂》(*Body and Soul*)。[1]通过阿尼达·罗迪克的故事，我们也可以从中有所收获。

霍华德 · 舒尔茨(Howard schultz)也讲过一个故事：他于1983年访问意大利的米兰时，注意到街角处处都有咖啡吧。他说："意大利人是在喝咖啡的过程中培养人际关系的，当地人对此心领神会，而美国的咖啡馆却忽略了这一核心的社会因素。"正是基于这种社会因素的考虑，星巴克咖啡连锁诞生了，现在它已为人所熟知。关于其中的感悟，请参阅霍华德 · 舒尔茨的故事——他的著作《用心投入》(*Pour Your Heart Into It*)。[2]

每个人都有故事，特别是有关于自己成就的故事。讲故事者所用的技巧并不在于故事本身，而在于讲故事的方式以及听者从故事中得到的收获。一个尽是关于"我"（讲述者本人）的故事只会使听者厌烦，而能够帮助"你"（听者）的故事则弥足珍贵。如上所述，人是通过故事学习进步的，而且好的故事还能鼓舞人

[1]《身体和灵魂》，阿尼达 · 罗迪克著，Ebury Press出版社，1991。

[2]《用心投入》，霍华德 · 舒尔茨著，Hyperion出版社，1997。

心，催人奋进：亚伯拉罕·林肯从极度贫困和教育匮乏的环境中成长起来，最终成为美国总统的成功故事就是一种激励；奥巴马的故事也有相似之处，他从一个破碎的家庭走出，现在成为世界上最有影响力的人物。

故事成为人际关系建立的基石，当寻找新工作时这一点尤为重要。在重要的会晤或面谈中的关键时刻仅仅陈述事实是没有用的，陈述不能打动听者的心，只有将事实编成能给人收获的短小故事时，事实才能鲜活起来。这里的关键形容词是“短小”，有时候两句话就够了，例如:“去年帕特雷西亚是我们的星级员工，她对顾客的密切关注成就了她超额销售 200 件的优秀业绩，我们现在已经把她自创的技巧用到了我们销售培训项目中，现在我们已超额 15% 完成了目标。”这个故事里已经包含了学习启示，受人欢迎的人一定是会讲精彩故事的人。

讲故事的目的是为了激发听者的兴趣，使深刻的道理变得鲜活起来。每个人都会有很多经历，可以把这些经历编成有趣的故事讲出来。

我生于二战期间，当时物资短缺，粮食都实行配给，二战结束后，糖果取代粮食成了配给品。每到星期六，祖母便会给我和兄弟一块巧克力，这是我们每周最快乐的一件事，我当时甚至下定决心长大了要去巧克力厂工作。当我 26 岁时，我进了玛仕公司，真的开始做起巧克力来——我的梦想实现了，这就是我的故事。

我们年少时家里是没有电视的，有时候我会在饭厅里盯着厨柜中所陈设的父母最珍爱的威治伍德瓷具浮想联翩，在那蓝色的瓷盘上是一幅幅优美的风景——如烟的垂柳、秀美的佛塔，还有身着中国服饰的人物在精致的拱桥上前行——这些风景对我来说是一个未知的世界，点燃了我有朝一日要远行游历（包括到中国）的梦想，而如今我已游历过60多个国家，在过去的两年中五次访华，我的梦想实现了，这就是我的故事。（我在中国做演讲时，我的翻译常常要为“China”一词的意思费一番周折——有时候是指“中国”，而有时候是指“瓷器”。）

在求职面试时不妨用用讲故事这一招，通过故事来说明自己的梦想和抱负与所申请的工作之间的联系，说明自己的目标。

实用指南

- 把所想要说明的重点编成短小的故事讲出来，使要点变得生动而有意义。
- 讲故事的目的是帮助听者从中获益，而不是炫耀自己的才能。
- 故事可以讲得生动有趣，只要不偏离事实就行。

27

做笔记

在工作的奔忙中一张便笺纸要远比一台便携式电脑管用得多

回想并且捕捉好词句并不是件容易的事，请准备好纸把它们记下来。

在捕捉关键信息方面，好记性远远不及烂笔头。

在一次关于关键笔记的讨论会（1993年4月27日于伦敦皇家阿尔伯特大厅举行的领导者学院年会中）上，维珍集团公司的创始人理查德·布兰森爵士谈到了携带笔记本的重要性。如同许多杰出的领导者一样，他也是一个积极的倾听者，随时准备向顾客和雇员等人学习，他认为如果不把重要的信息及时做笔记的话，就有可能永远错失这些宝贵的资源。

若不准备好一支笔和一张纸，关键的信息就可能只会是左耳进右耳出，他人说过的重要的事就被错过了，结果该做的事情没做，也更谈不上将信息用作以后的参考。

在我看来，一张小纸片（或是一个记事本）要比任何便携式电脑有用得多，遇到重要的信息时，用纸马上就可以记下来，不像电脑那样还需要启动！纸笔可以在火车上使用，在飞机上使用，甚至在商场的结账台前等待时也可以使用——当收银员为你提供了优质的服务时，你可以很方便地用纸笔记下她的名字，以便改日用电子邮件写封表扬信发给她的老板。当你看到一则促销海报时，也可以随手记下海报上的电话号码，以便日后咨询之用。你可以用纸笔记下未来几天里要联系的人的名字，可以记下别人给你推荐的书名，如果你听到一句令人难忘的箴言想要立即记下来，那么手头的一张白纸就会显得非常宝贵，你甚至可以写下脑子里浮现出的任何重要的想法！

养成做笔记的习惯能够增强对信息的运用，从而提高工作效率，促进事业进步，所做的笔记内容日后可以输入电脑，并有序地进行整理。

令人讶异的是，很多人都没有记笔记的习惯。写本章时我正住在一个宾馆，由于其服务略有欠缺，于是我要求见当班经理，他来了以后我给了他一些反馈意见，我觉得这些意见对他会有所帮助，但是后来我注意到他并没有做笔记，他只是点点头笑笑，说“好的”，“谢谢你的意见”，然后就离开了。

我第一次参加汤姆·彼得斯（Tom Peters）[1982

年商业经典著作《寻求卓越》(*In Search of Excellence*)[1]作者之一，世界知名商务演讲家］的讲演后，就做了整整20页的笔记，后来我把这些笔记输入电脑，因为20年后我仍然能从这些笔记中学到东西——我们不应当单纯依赖自己的记忆力。

记忆是不准确的，除非具备记忆天才沙昆塔拉·德维那样的天赋：德维被人们称为“活电脑”，她也自称为印度的“数学大使”，她有惊人的记忆力，可以进行高难度的数学心算，这是平常人望尘莫及的。其实一般人都很健忘，昨天有人向我介绍过新邻居的老婆，可转眼间我就把她的名字给忘了，真是惭愧。我从前认识一位称为“记忆能人”的已故艺人的女儿，这个艺人的绝活是能记住数十年前的重大体育赛事结果，可我用了几个星期的时间也没能回想起他的名字（其实他就是莱斯利·威尔奇）。可见，仅有记性是不行的，还得配张纸，配支笔才行。

---

[1]《寻求卓越》，汤姆·彼得斯，小罗伯特·沃特曼著，Harper & Row出版社，1982。

实用指南

- 添置七本不同样式的口袋大小的笔记簿，点缀一下自己的生活，一本一个颜色，在一星期的七天里轮换着使用。
- 养成随时携带记事本和钢笔的习惯，你永远想不到自己会在何时需要纸笔（许多宾馆客房里都会备有记事本，拿来做笔记再好不过）。
- 每周末（或每天晚上）留出半小时，将重要的笔记输入电脑的“笔记文档”，然后永久保存。
- 定期温习笔记，强化关键的知识心得。

28

短小精悍

保持短小精悍（Keep it short and simple，首字母缩写成 KISS）

不合适的词句务必删掉。

> 花点时间编辑一下~~自己打算说出或写下的每句话~~自己的话。

人们说话或写文章时，一不留意就会说得或写得很长，往往不会意识到其实简短的几句就足够了。法国哲学家布莱斯·帕斯卡 (Blaise Pascal) 于 1656 年写道：“我很抱歉此信写得太长，但我没有时间来精简。”（但人们多认为此话来自于肖伯纳。）

对所要表达的内容大加裁剪后可能只剩下一个概要，使语言失去神采，但一点不裁剪的话语则会显得冗长，同样也会暗淡无光，因此要把握好裁剪的尺度，这对交流者的要求是很高的，要求交流者有极强的文字技巧。语言中的废话就像杂草一样，要根除并不容易，若要精简，则一定要对所表达的话字斟句酌。你在单词、词组、句子以及段落的运用方面一定要对重复或者多余的内容毫不吝惜地删减。这句话不如写作：“请毫不吝惜地删减多余的话。”

下面是一个说明形容词和副词冗余的例子：“实际上就你自己的工作而言我真的不想这样做。”这句话当中的“实际上”“自己的”和“真的”都是多余，写成“就你的工作而言我不想这样做”就好了。

简洁的交流还带来两个好处：首先，简化了自己要说的话，其次，所说的话更容易记忆。多数人的回忆能力都是有限的，因此人们喜欢听简短的话，等他们想深入了解时你再展开阐述也不迟。

~~受组织欢迎的人是那些在说和写方面都能简单明了的人~~。

受欢迎的人懂得交流如何简洁明了。

~~为了把我所一直阐述的道理付诸实际，我在此就结束本章~~……

怎么说就怎么做，本章完……

29

调谐自己的声音

要练就一副吸引人的好嗓子

每天认真"聆听"自己的声音，你就会发现自己音色最动听、最能吸引人们注意力的地方。说话很容易，难的是如何说。

做一个有美妙嗓音的人。

认真聆听周围人的声音：有的声音尖厉，有的细若蚊蝇，有的宏亮，而在会议中，则很多声音是单调沉闷的。有的人的声音则非常悦耳，听起来是一种享受，你的声音就该这样。请学习控制自己的声音，让声音变得动听，不要总是嚷嚷的腔调，令人生厌。这里推荐两个优秀范例：请上 YouTube 网，听听麦克尔 · 帕金森爵士对已故演员理查德 · 伯尔顿的专访，你会听到两个引人入胜的，娓娓动听的声音。

声音是多面性的，歌剧演员、舞台剧演员和公开演讲者会注重对声音的运用，而一般人往往会忽略了声音是与人交流的一个重要工具。我们都只会用自己"天生"的嗓音，从未想过用一些方法来练练嗓，更好地表达自己。这种"天生"的嗓音是我们身体发育成长过程中的产物，多数时候我们并不知道自己的嗓子是如何发声的，自己的嗓音别人听起来感觉会如何。语调、语速、清晰度、语态、重音以及词汇和成语的运用都是关系到我们声音交流效果的关键因素，换言之，要使听者进入自己的“频率”，首先要调谐自己的声音。

调谐声音的方法有很多，说服的技巧不仅仅体现在用词的讲究，而且体现在说话时对声音的运用。清晰的语音是助事业成功的一门艺术，要求对声音上的细微差异进行深入的练习，以最大限度地发挥声音的功能。

这种清晰发音的能力不仅来自于遣词造句的练习，也来自于我们对语调、语速、清晰度、语态、重音以及话语的长度的琢磨，当这些因素完美地结合在一起时，我们的话语就能吸引听者，以下是一些假想的例子。

调谐自己的声音

因素	不恰当的选择（例子）	恰当的选择（例子）
词句的选择	“哈罗，我9点钟约好与人力资源部老板见个面。”	“早上好！（停顿一下）我叫约·威尔德，早上9点钟我与希尔太太约好见面，我来了。”

语调	冷冰冰／不确定／不谦逊／令人厌烦	热情／尊敬／积极／爽朗
语速	太快	有快慢变化
清晰度	嘟囔、含混、用词不当	发音清晰，措辞得体
语态	粗鲁笨拙	诚恳而自信
重音点	平铺直叙	令听者放松，愉悦

调谐自己的嗓音是需要付出努力的，还要求说者善于揣摩听者对自己声音的感觉，对自己与别人交谈时话音的表达效果有敏锐的感知能力。说者应该问自己："我是否真正抓住了对方的注意力？她的倾听是专注的还是漫不经心的？"声音中的感情色彩在这里很重要，在话语中注入一定的情绪能使听者进入情境，使他从中体会到真诚或者是无所谓等不同的态度。

最后引用《内在的声音》(*The Inner Voice*)[1]一书作者——歌剧演员瑞内·弗莱明（Renee Fleming）的话作为本章结束："我的嗓子靠的就是里面的两小片软骨，正是这两个精巧、神秘，而又令人有些捉摸不定的发音片把我带到了无法想象的美妙世界。"

[1]《内在的声音》，瑞内·弗莱明著，Virgin Books出版社，2005。

实用指南

- 仔细聆听人们的声音，体会这些声音对自己产生的效果，然后选择一个最动人的声音进行模仿。
- 录下自己的声音，仔细听其效果，然后问问自己："这种声音真是自己所想要的吗？"如若不是，就好好练一练，练成自己想要的效果。

30

欣赏人之优，成就己之优

赞赏他人如同与人恩惠

平日里要多学习周围人身上的优点，并运用适当的方式反馈出来，这其中的方法就是“赞赏”。

人的眼光往哪个方向看，往往就会得到哪种结果——如果眼睛里只看到问题，那么周围的一切都会有问题。我认识这么一个人，他认为生命的内涵就是问题，因此他每天都会遇到一堆问题……这是一种心理定势，人若是看到好的方面，则生活中处处有美好；若是看到坏的方面，则生活中处处是烦恼。

我们很容易看到事物坏的一面，并且苛责挑剔。每天报纸上都充斥着坏消息，我今天读到一张小报，其中的十条新闻里只有一条是好消息（某体育赛事中英国获胜），似乎我们看新闻的目的就是了解别人的问题，要么是某个政治家的垮台，要么是某位名流因为爆出丑闻而陨落……

看到同事身上的优点，自己也会变成大家眼中的好同事。

然而人们在日常生活中遇到与自己相关的事情时都喜欢听到好消息。既然是希望他人善待自己，自己就应首先善待他人，应该常常看到周围人身上的好——无论是同事、老板，还是未来的雇主——人的优点处处都有，处处都能找到。

若要看到人的好，就应摒弃挑剔的心态，只有当能帮助他人进步时才做出批评。受欢迎的人绝对不会做出伤害人（使人情绪低落）的批评。

应当多在他人身上寻找自己认同的行为、态度和成就（无论多小的成就），给予他人赞扬。对于多数人来说，当自己得到认同时，无论对方是谁都会欣然接受，因为这样的认同增强了自我价值感。当老板看到我们为了保证中午要做完一项紧急任务而早早地来上班时，她对此表示出的赞赏会使大家都振奋。当我们的出色的工作、真诚的为人和高水准的业绩受到别人的褒奖时，那该多么令人高兴，多么鼓舞人心。

即便是拜访一家新公司（例如参加面试）时，也能给我们机会去发现别人的好并且给予反馈。当步入老板的办公室时你可以说："恕我多嘴，你这间办公室的视野真是好。"或者，"顺便说一句，你的秘书真不错，她很迷人，而且既能干又乐于助人，她对人真好。"

实用指南

- 看到别人身上的优点，然后给予肯定的反馈。
- 给自己定个任务：每天至少表扬或称赞一个人。
- 赞扬一定要真诚而中肯，假意的谄媚会很快败坏自己的名声。

31

编织网络

编织的网络越大，事业进步的机会越多

网络的编织是一个双向的进程，自己助人多少，人就助自己多少。

有一句古老的格言——生意靠人情。没有人际关系就没有合作；没有忠诚，顾客或雇员就可能寻找更好的去处，从而使企业的人脉流失。这里有个例子：我曾与一家银行有业务关系，我与该银行分行的经理及其下属团队很熟络，经常通过他们办业务，但几年前他们改变了做法，开始使用远程技术，用呼叫中心来处理银行业务，导致我无法与他们有效地面对面沟通，这令人非常懊恼，原先良好的关系因此被破坏了，由于与该分行关系的疏远，这家银行也就失去了我这位忠诚客户。

人际网络是一种非正式的，相互支持的系统。

关系是靠人与人之间的交往来维系的，良好的关系有助于业务的进步或是应聘的成功，倘若缺失了良好的人际关系，事业就很难有成就，工作也很难做好。人际关系意味着与人的结识和来往，与每一个联系人

保持一种互惠互利的关系。若与电脑专家有良好关系，则电脑方面的问题就容易解决；与自己所认识的人进行沟通时，表达效果就比与某个从数据库里调出来的素不相识的“某人”沟通的效果好。

通过与人面对面地交流，还更容易记住对方，之后的交往就有了人缘基础。人是社会的动物，在相互的交流中没有几个人会愿意完全倚赖于电脑网络，诸如 Facebook 和 Friendster 之类的网络服务的确能吸引很多人，但它们永远不能替代与人面对面相识、相知的真实体验。

那些被称为“独行者”的人也许会继续摆弄他们的高科技和冷冰冰的设备，从中获得人生的满足，但在组织和行业中有所建树的人却是那些会构造广泛人际网络的人，在需要的时候他们能从人际网络中得到帮助，得到指引，同时他们也会相应地帮助他人。

求职履历中“证明人（或参考人）”一栏的设置就是说明人际网络价值的一个例子：在对求职者进行考察时，雇主一般都要找证明人或参考人进行落实，很少有不落实信息就聘用的情况，此时如果自己的人际关系网络很广，就不难找到两三个人来证明你在某方面的才能。同样的，当遇到某个方面的问题需要帮助和建议时，如果人际网络广，就很容易找到相应的人求助。

类似的，人际网络还能帮助你敲开紧闭的大门，结识里面的重要人物，免受闭门羹之苦。

广泛人际网络的好处在于它能帮助你获得自己心仪的工作。人际关系广，说明你在行业或专业内很有人缘，这一定会得到雇主的赏识，因此，手头的联络人名单是一项宝贵的资产。

实用指南

- 把握住每一个机会结识公司内外的各种人。
- 收集他们的名片，始终保持联络，巩固关系。

事业激励 6

游戏

- 板球是游戏。
- 象棋是游戏。
- 游戏是竞技性的。
- 事业如游戏。
- 游戏有规则。
- 游戏有潜规则。
- 有时候自己可以定规则。
- 按规则办事的人是官僚主义。
- 会视时机打破规则的人是受欢迎的人。
- 游戏中的王者就是受欢迎的人。

32

弃船

不要做只会沿海岸行船的水手，适时地弃船，向外海方向走

前进不止是做事业的一条规则，每隔四年请看一看外面的机会海洋，如若发现更有意思的新工作就努力去追求。

服部金太郎于1881年创立了日本精工手表公司，现任公司总裁和首席执行官的是金太郎的曾孙服部真二，其手下的许多员工终身都效力于该公司。公司成功的要诀在于持续的创新和技术上的精益求精，而这种企业文化通过忠诚的员工、技术专家以及管理人员得到了发扬光大。

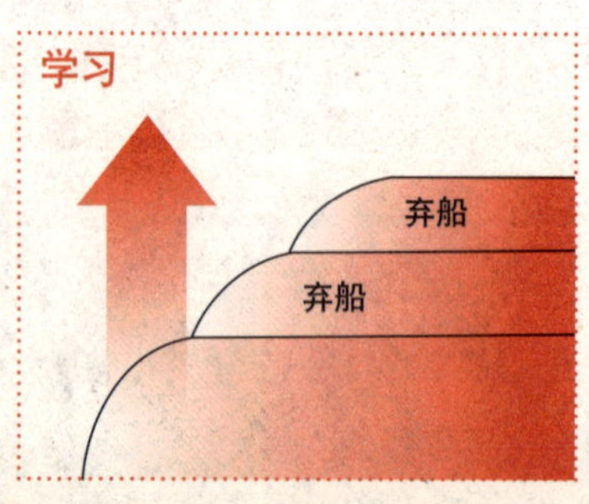

然而精工公司的这种模式却是一个非常规现象。

如今任何家族企业的成功都是依靠外部引进职业经理人和专家实现的。例如，英国的知名企业吉百利公司是约翰·吉百利于1824年创立的家族式企业，而如今吉百利公司的董事会以及首席执行委员会中竟没有一个人是吉百利家族的成员。诚然，公司起初的信条——“认真工作成就成功企业”——直到现在仍然是吉百利企业文化的一部分，但在吉百利公司现任20名高管的档案中，你会发现仅有一人是由吉百利培养起来的，其他高管成员都是从外部引入的。

我在受聘于航空公司之前，也曾先后在四个企业供职。如果一生始终待在一个企业里，即使在企业内部变换岗位，学习曲线也有可能会停止上升（如上图所示）。为了提高水平，增加自己的含金量，每隔几年就应该“弃船”，加入新的团队，认识新的人，以获得新的经验和知识，体验不一样的工作方式，从新企业的文化中获得收益。

一生始终待在一个企业里还有可能带来自满情绪，使人固步自封，视野因此必然变得褊狭，思想境界就不及站得高看得远的人。

做一份工作做得久了，我心里就会惴惴不安。我曾在一家公司做了六年，我觉得这六年的时间太长——当沿着学习曲线行走了三到四年的时候我就开始对重复性的劳动产生厌倦，我需要全新的挑战，需要新鲜的刺激来锻炼我的智商和情商。

要在事业上令人刮目相看，就得注重知识、经验和技能的积累及运用，为企业创造价值。长期坐在同一个办公室椅子上，盯着同一台电脑不“挪窝”，想要进步就很难；而每周按部就班地出席同一个委员会会议，则进步就更无从谈起。

实用指南

- 每个星期都自问：我在现有的工作中学到了什么？有何重大收获？如果答案是“无”，那么就该换换工作，去寻找新的“地平线”。

33

抛头露面

在适当的时机和适当的场合下露露脸

跨出日常的社交圈，接触一下外界，留下与重要人物交往的“印记”。

请向能力和地位高的人看齐，不断提高自己，并且争取到他们的赏识。达到这一目的的关键并不在于讲究的外表和衣着，而在于得体的言谈举止。

在单位里不展露自己就等于把自己隐在黑暗之中。

睿智的高层领导都会不时地深入基层，与普通员工和一些比自己级别低很多的基层干部接触，诸如欢送退休人员，召开会议，年度聚会以及圣诞晚会等场合都是领导深入基层的好时机。有时领导也会到各处巡视一番，或是参加慈善活动、运动会等等，此时作为一线人员、团队领导或是中层干部的你一定要在场，要让领导看到。

我曾在一家有 7 000 名员工的企业担任董事——当然，我不可能每一个员工都认识，但平均每个星期我都会有一整个晚上以董事会代表的身份参加员工活动，我会与他们交谈，发表即兴讲话……举行活动的大厅里面总是有上百人，我一边啜着饮料，一边与周围的人聊着。当然，他们见过我在公司小报上的照片，多半都认识我，而我并不认识他们，对于我来说他们都是陌生人，然而我不会缩在某个角落独饮，我的工作就是谈话，就是关注周围的人，倾听他们的声音。

如果没有人走上前来与我交谈，我就会问自己："现在该找谁交谈？"我的选择始终如一——只要有人与我目光相对，给我一个肢体语言信号表明愿意与我交谈，我就走上前去搭话。对换一下角色也是一样道理：当自己是普通员工，而周围有高层领导时，就应当主动与领导交谈，自己的主动会使领导放轻松，使他们在与基层员工的交谈中感到自己这样做的价值。与领导交谈时，一定要留下"印记"（谈论一些重要的事），要让他们记住你的名字和所在的部门。

适时地抛头露面能使高层领导对你留下印象。当有机遇来临，领导考虑用人时，你就会成为他们考虑的首批人选之一，会被他们标记为"有潜质的人才"。

适时地抛头露面和与领导接触还能增强自信，日后再与其他人交往就更没问题了。不要做害羞的员工，不要回避高层领导，不要怕说错话，不要怕丢面子。

在工作中遇到要献计献策的会议时也不妨展露一下自己：若是有高层主管主持会议时，可以提一些有深度的问题或是给一些有用的建议以吸引其注意，总之要让领导看到、听到自己，如果总是默默无闻的话，领导就永远不会想到自己。

实用指南

- 尽量多参加公司活动，每次至少与一位高层领导交谈。如果有其他企业的重要人物来访，尽量给他们留下“印记”，或许日后就会有什么机会出现。

事业激励 7

万物之灵

- 据测算，人的脑细胞多达一千亿个。
- 人通过眼睛向大脑输送的信息每秒钟能达到一千万条。
- 人在觉醒的大多数时间里都是无意识的。
- 人是复杂的个体。
- 个人对自己的看法与他人对自己的看法是不同的。
- 个人的真实特征与其自我意识到的特征并不相同。
- 意由心生。
- 心智成就事业。
- 对心理学心有灵犀的人会受到欢迎。

34

无声的信心

仅仅有信心是不够的

无声的信心要求夹杂一点点的不自信，这样才能产生不断充实和提高自我的动力。永远不要认为自己百分之百正确，人无论信心多足，也总会有犯错的时候。

对于某些人来说，信心是一种负债，然而对于另外一些人来说，信心则是一种资产。若要赢得人们的信任和尊重，就一定要让人相信自己的能力，信心由此成为资产，然而若是自信过了头，则相反地会失去人们的信任。

若是自信过了头，则相反地会失去人们的信任。

无论自己学识和经验多丰富都不要自大。面对的人不同，自己所应当展现出来的信心也不同：有时候是在应聘时独自面对将来的雇主，有时候是在公司聚会上面对 200 名一线员工……此时需要的是无声的信心，倾听和领会他人的心声，如此才能调谐自己的沟通能力，使人们相信自己的水平，而且还表现出了对他人的响应。

在撰写本章时我刚刚收看了一档关于政治派别辩论的电视节目，其中一名辩论者对于自己的观点（关于最佳候选人和最佳政策的看法）信心十足，但似乎逐渐失去了众人的支持。我对此人的表现也很反感，她过于自信，嗓门又大，口气很强硬，根本容不得反对意见，当另一位辩手认真地向她提出质疑时，她却对其冷嘲热讽，说他自己都搞不清自己在说什么。也许对方的质疑的确有所欠缺，但她似乎根本听不进别人的任何言语，更不用说理解对方的观点了。我的感觉是她太自以为是，一心只想指挥别人的思想，结局可想而知，她辩论失利，投票结果是对方获胜。

有无声信心的人（因此也是谦逊的人）要比那些自以为是，傲慢不羁，夸夸其谈的家伙强多了。那些爱自吹自擂（或是说大话）的人自认为了不得，逢人就卖弄炫耀，正应了一句中国古话——智者示弱，愚者逞强。

真正懂行的人无须高声。

若要有无声的信心，就要抑制住在人面前炫耀的冲动，即使在重大的会晤中也要先仔细听对方说话，而随后自己说的话要能赢得对方的信任。除了自己要有真本事，说话的语气还要给人信任感和厚重感，当赢得了听者的信心时，他们就会微微点头表示赞许，而且眼睛会睁大，眼神也更加专注，当他们开始意识到你的学识够得上他们的要求时，他们的心也就向你敞开了。

实用指南

- 拿一面哈哈镜照着自己，问："我在会场上是什么样子？"如果自己够勇敢，请问问自己的老板或同事："我是显得太过于自大，还是信心不足，还是正好做到了无声的自信？"

35

毛遂自荐

毛遂自荐意味着承担份外的工作，这是非常可贵的

自愿承揽额外工作表明自己积极主动的态度，自荐者一定会得到赏识，因此，请做一个有心的志愿者。

当老板询问新工作是否有人自愿请缨时，请一定举手，而不要像很多人那样局促不安，一言不发，心里只想着“我忙不过来”或者“手头的事已经够多的了”。

不要有什么后顾之忧，不要考虑手头还有什么事没做完，先举了手再说。从理论上讲，工作的时间是有限的，在有限的时间内无论工作多卖力也总有个极限，但实际上来说，时间只要肯挤，就总是会有。

> 恰恰是自荐者会得到雇主的注意，恰恰是自荐者走到哪里都受欢迎。

恰恰是志愿者会受到注意——在高管们考虑工作的委派时，要对候选人进行综合评价，在这个关键时刻志愿者的主动性就会格外得到

赏识。主动请战还会增添工作的情趣，带来新的经历和挑战，打破日常工作的沉闷，振奋精神，激发人的求知欲。

在主动请求承担工作时还要注意不能只拣“美差”(例如到开普敦做一项为期两周的项目工程)，没人愿意做的苦差事也应该主动承担（例如解决公司停车场的拥挤问题)。记得我第一次出席公司高管会议时老总说：“我们的确需要有人来管管停车场的事情，这已经是个老大难问题了。”此时大家都把目光转向了我这个新人，于是我就主动提出承担。会后一位同事告诉我说我啃的是块硬骨头——五年来这个问题谁都解决不了……然而最终我还是解决了这个问题。

主动要求承担的工作和事务可以是任何类型——例如周末加班解决严重积压的事务，例如调离岗位半年，到偏远的分公司去重整那里下滑的业务。

从员工激励的角度看，由员工毛遂自荐要比让员工勉强地接受额外任务的效果好得多，自荐制度会成为一种理想的选拔工具，由此能遴选出主动性强，工作勤奋，创造力丰富，更愿意接受锻炼的员工。

工作一旦承担下来便要切实地完成。有的人承揽工作时满口答应，事后却疏忽大意，而有的组织也会纵容这样的现象，任务不落实，对于承担人漏洞百出的借口怠于追究责任。自荐的事情若要做得功德圆满，就应当严肃对待，同时还要确保手头已有的工作也要干好。

实用指南

- 当雇主需要有人自荐承担重大项目时请不要犹豫，一定要抢先举手，不要顾虑手头的工作负荷，相信自己一定行，而且毛遂自荐的结果将会是皆大欢喜。

36

设立自己的边界

私人边界是永远不能逾越的

日常的行为是由人们心中设立的边界所限定的。

若要得到组织内同僚的认可，并且避免冒犯他人，就得明确自己个人行为表现以及态度方面的边界，倘若对界限认识不清晰，就会找不到自己在组织里的位置，被大家视为怪人。

以工作表现方面的边界为例：他人对于自己的表现哪些方面不能接受，哪些方面能接受，自己心里要非常清楚（如图）。

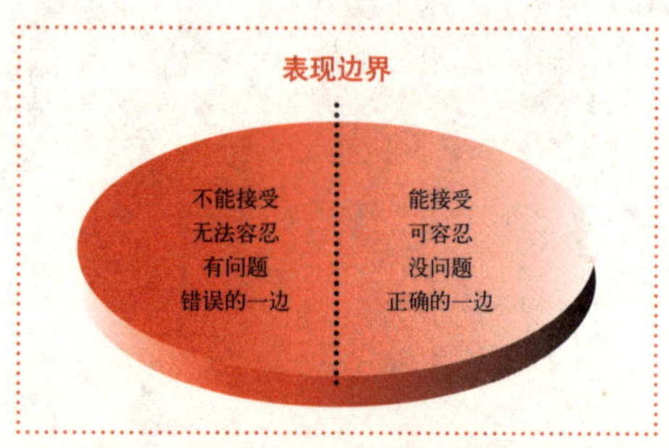

对于可接受和不可接受的行为以及态度也可以绘制出类似的边界。在所有的边界上要严于自律，切勿

越雷池半步。

多年前我初出茅庐时，曾在某实验室与一位比我年长的伦敦妇人共事，她非常友善，但却常常拿我逗笑，于是我也想借机逗逗她，有一次我偷偷走到她身后，拍了一下她的屁股，她立即就转过身来，微笑但却带着一种告诫的神色说："下次不准再这样了！"……我逾越了边界，踩到了错误的一边，但我从中汲取了宝贵的经验教训。

倚赖于老板为自己制订工作表现的边界是不可取的，边界要由自己来设定，此外行为以及态度的边界也同样要自主地来考虑，个人本身的道德观是边界设定的依据，设定的内容例如：

- 像众人那样承诺，或是不承诺；
- 像众人那样总是准时，或者总是迟到；
- 像众人那样在背后议论别人，或者不议论别人；
- 像众人那样接受低水平的工作，或者不接受低水平工作；
- 忍受或不忍受含有偏见意味的玩笑（例如拿少数派逗乐）。

在（表现、行为以及态度）边界问题上斤斤计较的人或者是根本无边界意识的人都不会受到尊敬，而且这两种人都很难相处，很难与其建立共事的基础。

个人所制订的边界是人们相互理解的基石，它给予人们力量，增强他人对自己的尊重。有了自己的边界，让他人知道自己不容侵犯，而且自己也不会冒犯对方，如此一来也就避免和别人“搅和”在一起。

我曾就职于一家运输企业（任顾问之职），这家企业里的一线工人说话时几乎人人都有带脏字的口头禅，面对这种状况，比较取巧的办法是跨越边界，随粗俗之风，自己也说脏话（从而与他们打成一片），而如果不随大溜的话也有两种选择，一种是容忍，另一种是整肃纪律，根除这种风气……面对这种状况我选择的是容忍，没有计较。

对于逾越了可容忍行为边界的员工来说，要么对其行为视若无睹，要么上报处理，渐渐地自己就设定了一套表现、行为以及态度方面可容忍与不可容忍的边界，这条边界的位置由自己掌握，但设定后就不能逾越。

在维护自己边界的同时，还要注意认清并且尊重他人所设定的边界。

实用指南

- 审视自己在工作中关于表现、行为及态度方面的边界，如果认识不清，请先冷静几天，然后重新认真地设立这些界限。

37

从不抱怨

成天抱怨的人只会是庸人自扰

抱怨多了就会形成一种不良的惯性心态，倘若自己处于这样的状态就应尽快改变。请试着去帮助自己从前所抱怨的人，使自己培养起积极的、建设性的心态。

在他人犯错时提出抱怨是人的本能意识。企业内部总是会有诸多不完善的地方，一些人的缺陷和不足往往会受到另一些人特别是科室以外的人的注意。人们往往认为通过提出批评意见能表现出自己看法有深度，想法有见地，其实这是错误的。当有人在发牢骚时，其他人可能会沉默忍让，这也许会让发牢骚的人误以为别人是因为自己敢于提意见而折服，以为当别人做错事时，自己就可以指出别人的不足，指出别人的无能或错误，体现自己的洞察力，使自己成为敢于说话的少数“能人”。

能干的人不抱怨，而是提出积极的建议。

可惜这样做的结果是弊大于利——人本能地会对于威胁和潜在的痛苦产生警惕，因此人很善于识别负面信息，而抱怨其实就是人们在自我防御中常用的手段，企图引开众人对自己弱点的注意力，将矛头转向他人。

许多抱怨其实都是非建设性的消极行为。有的人抱怨成了习惯，总是牢骚满腹，反而招致人们的鄙夷和疏远，要打破这样的格局，就应把产生抱怨的消极心态转变成积极的心态，转变的诀窍是运用“建议的艺术”，其中的关键是真诚，做法是停止在人背后议论，最好是与人面对面，谦虚地提出改进建议。

在面试时切记不能抱怨自己前任的雇主和企业，对前任雇主和企业的不满不应该成为跳槽的理由。虽然很多企业内部都有诸多不完善的地方（如前所述），但喜欢对企业挑刺的求职者必定招致招聘者的憎恶。企业需要的是能帮助企业解决问题的人才，不是对企业指指点点的人；企业需要的是心态积极、经验丰富、善于把握机遇不断改进的人，而不是给企业添乱的人。

抱怨若成了习惯就是一件危险的事，会让人消沉下去，一蹶不振。如若怀有消极的心态，则自己眼中的世界将一无是处，而企业需要的人才应该是从不会抱怨的。

当然，对于企业内部的不足之处不能视而不见，也不能置之不理。不足和缺陷是客观存在的，关键是不能把心思放在抱怨上，而是要想办法弥补缺陷和不足，如此方能克服消极心态，做出积极的改进，当自己能做到这一点时，就会受到欢迎。

实用指南

- 无论在正式还是非正式场合，当抱怨的话欲说出口时请三思而行。
- 只有在非常亲密和完全信赖的人面前才打开自己抱怨的“安全阀”。（有时候诉诉苦可以让自己舒坦些，但不必逢人就讲。）
- 想一想这个重要问题：“人们对我有没有怨言？”要认真寻求这个问题的答案，然后采取相应的行动。
- 想要抱怨时，将抱怨转变成积极的建议。

事业激励 8

极限

- 工作安乐的人会有忧患。
- 在安乐中奋发向上，突破极限的人事业是最稳的。
- 唯有追求极限方能进步。
- 成功者不断超越极限，达到目标。
- 当别人对自己的期望是百分之百时，百分之一百一十就是极限。
- 极限不是对现有边界的划分，而是对边界的跨越。
- 极限是热情的产物，而不是辩解的产物。
- 只为不拘一格雇用自己的企业工作，当企业“不拘一格”录用自己时，就说明自己受欢迎。

38

语言与事实的完美掌握

达到完美的唯一方法是在开始的时候不完美

一言一语要力求完美，自己不了解的不要轻言，自己了解的要落实无误，若要达到完美(做10题得10分)就得坚持认真做功课。

少数轻浮无知者凭借运气可能青云直上，但若要在事业上稳扎稳打，就得做个“知者”，自己不了解的就不能乱讲，也不能人云亦云，使人看低。

聪明人说话都有依据，有条理，避免说极端的话（极端的话往往站不住脚）和笼统的话（笼统的话往往毫无意义）。

从错误中学习是通向完美的途径。

成功的人每天都会做功课，不断完善自己的言语，从而锻炼出一种从繁杂的事实和数据中提炼关键内容的卓越能力，在面对别人的疑问时，能做到有理有据，应对自如。

为了追求语言表达以及对事实把握的完美，明智的人会预见问题，潜心研究事实，从中寻求答案。例如，当别人对销售量下降提出疑问时，明智的人拿得出细节事实，并且对造成下降的关键因素会有自己的分析，他们凭借的不是臆想，更不会随兴而为（例如："要是人力资源部制订出补贴制度我们就不会有这样的问题。"）他们会从事实出发："这 12 个月以来我们员工完成的销售额增加了 10% 到 20%，而且还是在培训预算减少的情况下完成的，我认为这些因素都是需要考虑在内的。"

在言语上追求完美的人在面试中很少会被难倒，他们能给出可信的，有依据的回答。

问题：

你能否在重大的会议(包括面试)中对于所说的每件事、每句话都能求证无误?

不要说空话傻话，不要人云亦云，不要讲陈词滥调，否则自己的语言会失去分量；这样说话表面上是八面玲珑，但内行的人很快就会看穿，其实不过是"表面文章，空无一物"。只有在语言和事实方面都做到了完美的掌握，才能成为"有内容"的人才，受到欢迎。

实用指南

若要达到完美，必须：

- 一开始就认识自己的缺点并且将其根除（例如陈词滥调，鹦鹉学舌，将观点、假设与事实混为一谈，含糊其辞、模棱两可）。
- 虚心承认错误，将其视为宝贵的学习机会。
- 所说所写的一字一句要经得起推敲考证。

以上要求可通过练习达到，请以自己为例，改写下列句子：

- “当我在本部门说成本降低了 5 个百分点时，我指的是常规财务报表中的年度数据。”
- “我推荐伯尔蒂 · 雷诺为最佳销售代表的依据是他三年来的销售业绩以及他与新老顾客之间的良好关系。”
- “我在报告中所计算的数据结果是以周四的《金融时报》发布的汇率为基础的。”

39

作牺牲

吃苦在前，享受在后

问自己：“我准备作出什么样的牺牲以保住工作，并且使事业有所提升？”（切勿牺牲安全、健康以及道德。）所放弃的享乐即“牺牲”。

人生当中没有放弃就没有成功。马拉松运动员为了实现夺冠的梦想就必须作出牺牲，当别人还在梦乡时，他们已经在练习长跑，长期在事业上的努力就好似马拉松练习，总是辛勤在前，收获在后，此外别无他路。

没有个人的牺牲就不会有收获。

若要成为到哪里都受欢迎的人，就得付出比常人更多的努力，要牺牲在家看电视的时间，放弃在家里的享受，甚至放弃与家人共处的时光。

这样的放弃必然会带来很多矛盾，要在如今人们热议的“工作—生活”的平衡问题上倾斜，然而生活的现实就是如此：牺牲越多，工作越努力，就越能成大事；而贪图安逸，工作偷懒就难成大器。

倘若一周只工作 35 个小时的话，无论多能干的人都不可能在事业上有所成。如第一章所述，关键是要爱上工作，把工作变成乐趣，愿意牺牲其他的享乐，把更多的时间投入到工作中，努力做好自己钟爱的事业。园艺工作也许很辛苦，但热爱园艺的人就能任劳任怨地除草、修枝，一心只为打造美丽的花园。

当事业上遇到关键的转折点，面临雇主对竞聘者的选择时，雇主们手中的天平一定会倾向那些在工作上甘于奉献的求职者，他们会选择全身心投入工作的人，而不是那些“朝九晚五”，按部就班的人。

无论你是踌躇满志的青年学生，还是年过半百的退休人员，都面临着同样的现实：必须作出牺牲才可能向长期的事业目标迈进。也许事业起步阶段时收入会很少，也许为了学习要投入大量的时间，也许长期在外不能与家人团聚……然而人生无坦途，不劳而获的想法只能是自欺欺人，若要事业有成，请一定做好放弃享乐的准备。

问题：

为了追求事业上的目标，自己愿意作出什么样的牺牲？

实用指南

- 不要成天看电视虚度光阴，把时间用在工作上，追求事业的目标。
- 在向事业目标迈进的道路上做好承受孤独的准备。
- 不要一心只向“钱”看，要有更高的追求，如此才会受欢迎。
- 在选择舒适和安逸的工作前请三思。

40

为独裁者效力

为独裁者效力一年，比得上在商学院学习两年

为独裁者干一段时间的活，获得宝贵的经验，但自己不要成为独裁者。

> 独裁者善于抓住别人的弱点，而在独裁者手下工作的人能磨炼出坚韧的性格。

独裁者集全权于一身，事无巨细都要亲自过问，只听取自己小圈子里几个人的意见，对众人的感受漠不关心，眼里容不得愚钝的人（交不出能让独裁者满意的答卷的人）。多数时候独裁者们都是喜怒无常，脾气暴躁，动辄就发火。然而为这样的独裁者工作是有好处的，一方面可以批判性地学习到他们的长处，另一方面可以以他们为镜子更好地认识自己，并且能学会如何应对强权。

我就曾在某独裁者手下工作过，他恶名昭著，令人生畏，曾经有人告诫我不要加入他的团队。他招聘时所采用的手段首先是先把人打击一通，让人慌乱之

中露出弱点，然后在人身上挑错误，并且大肆批评。他常常会指着鼻子当众羞辱人，还会经常“考验”自己的团队，提一些不合理的要求，例如早上 9 点钟给我们打电话，要我们 11 点就赶到他的办公室参加紧急会议。

然而跟这样的独裁者共事却锻炼了我坚定的意志以及随时应对突发事件的警惕性。他容不得空话大话，所以我说话时就得对事实和数据一清二楚，而且日日（乃至夜夜）都要掌握数据的更新。我还发现，与他据理力争的唯一方法就是对自己处理的事情要了如指掌，到了与他争论的时候他才听得进我的话，有时还会颔首称是。长此以往，我逐渐赢得了他的尊敬，后来他不再给我施压，也不再挑我的毛病——我打进了他的那个小圈子，而此时他又开始欺负起其他的新手来了。

独裁者们欺负人的做法却在不经意间从凡人中挑出了能人，从“谷糠”中筛出了“麦子”。面对强硬霸道的雇主，雇员才会知道自己是坚强还是软弱——软弱的人会被冷落，只能在午餐时发发怨气，而坚强的人则会加速成长，学到很多东西。坚强的人学会了如何与不讲情理的雇主共事（这样的雇主在我们周围多得超乎预想）；学会了如何应对冷嘲热讽（方法就是使自己坚强起来，因为独裁者只会讥讽弱者）；学会了如何干好工作，抓住重点，同时深入地把握细节。

通过与独裁者共事还能学到重要的“游戏”技巧：

学会对独裁者的笑话发笑，也学会讲能让独裁者发笑的笑话；学会说恰当的话，避免因言辞不当引得独裁者动怒；学会与独裁者玩幽默，在他喜怒无常的多变情绪中把握他每一刻的状态。这样用心带来的回报将是获得他的信任，抢先掌握重要信息。

本章的内容在管理以及激励方面的课程中一般是不会讲的，但对于个人的发展却很有帮助，学会与独裁者共事后，遇到什么样的雇主都会受到欢迎。

实用指南

- 当独裁者羞辱或为难自己时不要往心里去，记住一点：有问题的是独裁者，而不是自己。
- 不要在独裁者面前露出自己的弱点。
- 所有的独裁者在攫取权力方面都是成功者，大多数独裁者都有其可取之处，只有少数例外，请总结并且学习这些可取之处；另外，也可以列出他们的缺点以告诫自己不要重蹈覆辙。
- 绝对不要为暴君卖命，那是另一码事。（其中的差别请参阅字典！）

事业激励 ❾

古怪性格

- 古怪性格包括：怪异、怪癖、乖僻、好奇、反复无常、多变、任性、叛逆、不寻常、反传统、不合群、不正常、特异、非典型、狂浪不羁、离谱、不入流、奇怪、怪诞、异质、乖戾、爱幻想、反叛、神秘兮兮、离奇、前卫、不规矩、反世俗、颠覆、异样、异教徒、异端、挑衅、自负、离众、例外、愣头青、邪门、执拗、非主流、反习俗、反常、自成一派、令人惊奇、非标准、阴晴不定、狂热、小性子、善变、非理智。
- 各种各样的古怪使企业内部有了色彩。
- 没有古怪员工的企业是灰色的。
- 用一些古怪为工作和事业增添色彩。
- 有丰富色彩的人才是受欢迎的人。

41

不逐利

金钱不是万能的，应当将目光放在钱财之外的事情上

先把钱的事放一放，过上几天后自己就会变得开朗积极，“把握现在”才是重点。

在经济不景气的日子里不为钱犯愁的人是最快乐的。快乐的人并不一定有钱，他们之所以快乐是因为他们心里装着更重要的事情，而不是充斥着忧虑或贪婪等激发狂热逐利欲望的念头。

金钱带给人的动力是有限的，充其量只能在短期起作用，而长期的动力则是来自别处。

心里装着更重要事情的老板们往往比那些眼里只有金钱的人更能赚到钱，这既在意料之外，却又在情理之中。当10岁的孩童向父母要零花钱时，父母会说：“生命当中最美好的东西是不需要钱买的。”或者“金钱不能带来快乐。”父母的这种说法是正确的！

世界最成功的一位管理大师，现已退休的杰克·威

尔奇在 2001 年 10 月 10 日伦敦举行的一次会议上说：“利润本身不是目的，而是一个优秀团队通过努力工作得到的优质产品，说到底是人的价值的体现，我在通用电气公司就是做这样的事情。”

从其他成功的经理人那里我们也能听到同样的观点。有一次比尔·福特（福特汽车公司主席）在电视讲话中也是这样说的——商业是人的商业，而不是钱的商业。在现代社会，只有当企业拥有了头脑睿智，工作积极的员工才可能盈利。一心只想着赚钱的金融家们短期可能暴富，但长期来看只会步华尔街专家们的后尘——以破产告终。

若要使人相信自己胜任某项工作，在交谈时一定不要谈钱。人对钱看得太重了，自己的身价也就贬低了，明智的人关心的应该是环境问题、顾客满意度、社区、激励式管理以及员工幸福度等等。人们在家时每周都要花几个小时查阅银行通知，支付账单，而其余很多时间则要做很多更重要的事，例如陪孩子玩耍，与家人聚餐。工作当中的时间分配也应该与在家里相似：用在计算金钱方面的时间不要超过 5%，其余的时间应该用在同事、顾客以及社区上。

对金钱的迷醉是商业化背景下人们思想的一种扭曲和病态表现。为使自己有一个健康的心态，就应当在工作中将 95% 的精力集中在金钱以外的事情上。曾有一位成功的经理人告诉我：“我发现所有与钱有关的事情都很烦人，所以我把这一切事情都丢给财务人员去做，而财务人员也很有分寸，知道何时该交给我做主。我们之间所要做的只是一个部门一个部门落实财务目标以及年度财务预算，然后交给手下的人去执行，我只做财务周报和月报就足够了，我清楚何时应该采取行动，有专家会给我建议。”

一切对金钱的狂热追逐最终必定以失意收场，这是件可悲的事。钱财乃身外之物，在通往幸福的道路上金钱常常是一种严重的干扰。

实用指南

- 在工作中将95%的精力集中在金钱以外的事情上。
- 每天都做一些布施，感觉一下自己内心的变化(请见第13章)。
- 如若感觉还是不好，次日就再多布施一些，如此坚持下去，直到最终自己感觉到快乐。(手中的钱财有相当一部分其实是自己不需要的！)

42

尝试出格

许多成功的根源都出自出格的想法

在研究某些似乎毫无头绪的问题时可以尝试采用一些出格的想法，工作是一门艺术，有时要突破一些常规逻辑才能取得进展。

美国的白宫以及华尔街是世界金融精英们向往的中心，会集了来自世界各地的人才，但即使是拥有了最理智的人才武装，美国也没能阻挡2008年到2009年间金融萧条的颓势。如果回到两年前，谁也不会预见到需要“刺激性方案”来拯救经济。

对于自己来说有道理的，对于他人来说未必有道理（反之亦然）。

在确定未来的方向时，理智会制约人们的思维，就如同火车的路轨一样只有一个方向可走。詹姆士·戴森爵士(Sir James Dyson)在其所著的《挑战困境》(*Against the Odds*)[1]一书中写道：“世界上有50亿人都是线性思维，按所受教育的思维方

[1]《挑战困境》，詹姆士·戴森著，Orion出版社，1997。

式思考问题。倘若不按常规逻辑行事，有一半的几率会受到众人的耻笑，而另一半的几率却会有意外的发现。”当他初次尝试研制双气旋无袋吸尘器时，几乎得不到任何资助（尤其是大银行的资助），大家都认为他的设计议案明显缺乏依据。最早的低成本航空公司——西南航空公司创始人赫伯·凯莱尔（Herb kelleher）也有类似经历，起初人们都认为他是“狂人”。有一本专门写他的书，书名就叫《狂人》（*Nuts*）[1]，然而他却取得了巨大的成功。

从历史上看，理智的局限性早就存在。例如约500年前伊丽莎白女王一世就有过传世名句：“我一个月沐浴一次，其实本来一次都不需要。”这就是她——英格兰至高无上的统治者对卫生健康的认识。1874年亚历山大·格雷厄姆·贝尔向维多利亚女王展示他发明的电话时，女王的评价是：“我想象不出谁会用得着这个玩意。”她的逻辑是：电话是无用的东西，不值得研究。

丹·艾雷利(Dan Ariely)在其《符合情理的不理智》(*Predictably Irrational*)[2]一书中列举了许多关于不理智行为的例子，例如在购买决策方面的不理智。不少专家也认为人的不理智要远远多于理智，而且出乎逻

[1]《狂人——赫伯·凯莱尔以及他的西南航空公司的故事》，凯文·佛雷伯格、杰基·佛雷伯格著，Bard出版社，1996。

[2]《符合情理的出格》，丹·艾雷利著，Harper Collins出版社，2008。

辑的想法恰恰促成了创造力，促成了进步。

理智以及思辨是一种个人化的概念：人往往认为自己理智，对其他人的“不理智”妄加批评；人总是相信自己（尤其是政客，高管也常常如此）所作所为都是理智的、有道理的，而别人是不理智的、糊涂的。这种思想本来就不聪明——自己认为明智的想法，在别人看来未必如此。

绝对的理智或道理是不存在的，即使是有，那也应该是“逻辑”，逻辑的定义是经科学推理的，可验证的结论，是以明确依据为基础的。

创造性与逻辑、道理以及理智完全不同伍，要想在任何领域获得进步，就一定要尝试一些出格的事，3M 公司的即时贴就是一个典型的创造性发明，它不是理智思维的产物，而恰恰是科学试验出错后意外发现的结果。

有时候不按常规行事，不走“正道”恰恰是聪明之举，在开明的组织中，思想的自由以及相应表达的自由是受到重视的。

有很多史实可以证明不理智甚至不理性会带来了不起的创新。我在一边写作时，一边听着柴科夫斯基的《第一钢琴协奏曲》。关于这首曲子有一段轶事，1874 年彼得 · 柴科夫斯基向其导师尼古拉 · 鲁宾斯坦征求对自己作品的意见时，这位莫斯科著名的钢琴家说：“你的协奏曲一文不值，不适合演奏，曲风陈旧、笨拙，毛病多，既散漫又庸俗。”鲁宾斯坦认为任何一位钢琴家都不会愿意演奏这样的作品，但柴科夫斯基并不为之动摇，他坚持不修改乐谱中的任何一个音符，并且说服了另一位钢琴家汉斯·冯·彼洛参加首演，结果大获成功。后来鲁宾斯坦承认他的“理性评论”是错误的，并且最终成为《第一钢琴协奏曲》的忠实听众。如今这首乐曲成为最受欢迎的保留曲目。

尝试不寻常的做法会引起人们的热议，也可能会使决策更加合理。而要尝试不寻常，只需在开始思考时采取与现有逻辑相悖的思路，摒弃自己原有的认知、观点、感受以及信念，特别是摒弃传统的东西，此外，还可以对其他人的思想提出诘问。

优秀的组织鼓励分歧——只要这种分歧不是以离间为目的，分歧中的争辩针对的是“理”，而不是人，前文所述的亚伯拉罕·林肯总统以及当今的巴拉克·奥巴马将此称为“培养一支敌军”。

“传统”是大多数人接受的“理”的体现，而“反传统”则不能用传统的“理”来解释，这样的例证不胜枚举：雄极一时，极端理智的 IBM 公司不可能制造出“苹果”电脑；因 Windows 软件而誉满世界的微软公司也没能建立像谷歌这样的全球网站；亚马逊网站也不是伯德斯或巴恩斯－诺伯这样的图书连锁巨头所创……企业做得越大，战略上理性化越强，然而这种理性增强的同时，却是以牺牲创造力为代价的，那些看似“无理”

的人的创新就会受到抑制。

如果人真是完全理性，则可能会变得平淡无奇，但企业是不需要庸才的；相反的，在“出格”的时候，在打破常规的时候，前方的道路也就会柳暗花明。

实用指南

- 反问自己：“我能不能在这里用另一种思维来思考？”
- 尝试打破常理来解决问题。
- 对问题的原因提出质疑，找到另外的原因来解决问题。

43

心灵体操

强健的大脑促成稳固的事业

每天都锻炼自己的大脑，每天早晨做一次心灵体操，例如心算一下59的平方是多少。[1]

数十年前，我的一位师长特别提到大脑和肌肉一样需要有规律的锻炼和强化，否则就会萎缩和松弛。他提倡做心算练习，并且建议说："毕业后应继续锻炼大脑，例如做十四乘法表或是心算23的平方。"通过这样的练习，脑力就能得到加强。他还建议阅读一些深奥晦涩的经典文学著作或其他方面的书籍——例如詹姆士·乔伊斯的《尤利西斯》——这样，当有人问及自己是否知道勒奥波多·布卢姆和史蒂芬·代达罗斯时，才不会一脸茫然。

大脑懒惰，生活就会懒散；大脑勤快，事业就会不断向前。

换种说法：大脑懒惰，生活就会懒散；大脑勤快，事业就会不断向前。用难题挑战自己的大脑，大

[1] 答案很容易计算：先算出60的平方，然后减去60，再减去59即得。

脑潜能就得到激发，心智就能得到加强。有了强健的大脑，在攀登事业之峰的路途上遇到面试者的刁钻问题时才能做到有备无患。例如 :“你最喜欢哪个文学人物？”或者，“在你现有的工作中如果拨下一百万的额外预算，你将如何使用？”

有的人喜欢做填字游戏或猜字谜，借此来锻炼大脑，但这些游戏锻炼的范围很窄，不能广开心智，因此应该博采众学。假设你的老板最近到某“新兴”国家出差，那里价格昂贵而运行又慢吞吞的低配置电脑使他很郁闷，而如果你对各个国家电脑下载速度有所了解的话，对他的出行就会起到很好的参考作用。

倘若要了解众生相，则看肥皂剧或是阅读小报就很有用，但将它们用于面试，就可能不适合，而了解体坛动向也许会有用，尤其当面试官和自己都喜欢同一个球队时就更有共同语言。(在面试前先打探一些关于面试官的信息，说明自己很用心，这对于面试自然有帮助。)

伦敦某大学的一位看门人学会用 20 国语言说“早安”和“晚安”，对出入大学的大多数留学生他都能用其母语向他们问好。在毛里求斯某旅游胜地有 位痴迷于足球的行李搬运工，他每周六晚上上网时会记下英超联赛每场的比分（他还记下了欧洲联赛某些重要场次的比分），等到周日早上乘坐了一夜飞机的游客们抵达时，他就能告诉各个游客所支持的球队的比分，他甚至还记得进球得分的球员。如果他问游客：“你支持哪支球队？”游客回答说：“曼联队。”他就会说：“曼联队昨天一比零赢了，是鲁尼进的球。”试想一下，这样的对话会给游客带来多么美妙的体验！

总而言之，强化大脑的方法是多种多样的，可惜许多人却不重视点滴的锻炼积累，最终一事无成。

问题：

以下各地的时间现在分别是几点：(a)旧金山；(b)新加坡；(c)悉尼。请心算后自答。

实用指南

- 阅读正规报纸的金融版块，熟悉经济走势，例如亚洲主要国家的经济走势。
- 每天关注一下外汇汇率，了解人民币与美元之间的兑换率，或是英镑与欧元的兑换率。
- 学习一些基本的中文词汇，以便在向中国供货商问候时用到。
- 访问一个新企业时，记住所遇见的每一个人的名字。

事业激励⑩

强化

- 按照为电脑做文件备份那样的方式备份自己的知识。
- 大多数事情不是一次就能学会的。
- 学习需要强化。
- 通过复习、回顾以及复述来强化自己的知识。
- 通过“充电”来加强自己。
- 通过不断自我更新来加强自己。
- 欲前进两步，先后退一步。
- 事业的力量来自于自我加强。
- 让自己的工作和事业得到最有力的强化，使自己受欢迎。

44

周游世界

旅行去瓦加杜古（一个从前称为……国，现在称为……国的国都），开拓自己的眼界

为自己制订一个目标：每年至少做两次公务出境旅行，如果所在单位不支持的话就另谋它就。有一些开明而有进取心的雇主，他们鼓励通过旅行开拓业务，提升员工的素质，应该投奔这样的雇主。

我在早期开创事业时曾有一个目标——用雇主的钱环游世界，这个目标后来我达到了。倘若这也是你的目标，那么你就可以拿着本章在老板面前挥舞（假设老板在瓦加杜古没有业务的情况下）。

“小农意识”的人视野是受限的。

一生从不离开自己所在村庄的人会形成所谓的“小农意识”，他们的视野是受限的，只看得到村子里发生的事，看待任何事物都脱离不了“村庄”。对于一生只在同一个公司、同一个地点工

作的员工或经理来说，他们同样会产生“小农意识”，这种“小农意识”在企业中可称为“机构化”。

而周游世界的人就有机会获得全球化的视野，真正理解不同的文化，当工作中需要头脑灵、见识广的人才时，这样的人就很有优势了。跨国旅行能使人的内心变得丰富多彩，使人对知识能有更上一层楼的深入而生动的体验，而对于那些从不出门的人来说，这些知识只是些没有生机的线条和草图。

常外出旅行的人在与同事、朋友和家人交谈时往往很有风头，这样能大大激发人的积极性。例如：“抱歉，我女儿今晚不能陪大家，昨天她到旧金山参加一个重要的商务会议了，可能明天才能回来。”

游历世界能给人带来想象不到的体验，这些经历还可以作为办公室里的谈资，给不出门的人开开眼界。“世界已经成为一个地球村”早已不新鲜，因此能干的人在其履历中应该包含几处跨国工作的经历和成就。

如果还没游历世界的话，现在就应该赶快“骑上自行车”了（诺曼·泰比特男爵名言）。请前往机场，乘上飞机，去迎接自己所在部门的最大一个海外挑战，或者在地球的另一端某个地方的重要会议上为自己订一个席位，不要理会公司里那些可怜的家伙是否议论你“寻欢作乐”或是“游山玩水”。当然，旅行本身是件享乐的事，但同时更重要的是学习和体验，旅行会带给人许多收获，几天的旅行可能会使人有很大的进

> 旅行打开了心中未曾想象到的景色。

步，还有什么比这更好？如果我的所言不是因为有亲身经历为前提，我也不可能在旅居的菲律宾写出本书。我刚刚在中国的四个城市做完演讲，而前往中国之前我还去了毛里求斯，下个月又是我到新加坡做定期访问的时间，然后又要去中国，这一年后面的时间我还会“第n次”到南非……旅行打开了心中未曾想象到的景色，还给人增添了信心。

实用指南

- 记旅行日记。
- 做笔记。
- 记下主要心得，在所游历的每个国家寻找最好的、最值得学习的东西——即便是到了世界上最差的一个国家（最差的国家的确有一个）。
- 每到一个国家，就学会用该国语言说：“嗨，你好。”“谢谢你。”
- 前往一个国家之前，先了解并识记这个国家的概况（近史、国家领导人姓名等等）。

45

忠于自我

对公司的忠诚无甚价值

唯有对自己，对家人，对朋友的忠诚才有价值，对公司的忠诚是没有价值的——当金融危机来临时，雇主是不会对员工忠诚的。

下面是我今天早些时候打开的一封电子邮件："亲爱的戴维：我在××公司的工作完了，由于信贷危机，我的岗位被精简掉了……"最近几个星期里我已经收到了不少这样的邮件。

当危机来临时被裁掉的都是忠诚员工。

我这一把年纪已经经历了不少经济危机。在我工作过的一家公司里，有一次首席执行官从我们的跨国公司总部回来后说由于金融危机，形势低迷，总裁已经决定减员20%——这就是谚语中的"钝斧"，谁也不能幸免。

当时我在公司任副总，主管人力资源部门并且向首席执行官负责，根据他的指示，我很快启动了一个事前已有协议的自动离职方案，方案涉及一线员工、主管以及中层经理。这个方案执行得还算顺利，但在高管层的十个人中却出了问题，而我就是高管中的一员——首席执行官坚持按公平原则十人中要裁减两名，而只有一位是自愿“拿钱走人”，因此首席执行官坚持要在剩下的九个人中强制裁掉一人。幸好这一招不是冲我来的，首席执行官事先已给我（人力资源主管）示意，然后把他想裁的倒霉蛋叫到他的办公室对他“下手”，完事后把这个战战兢兢的可怜人打发到我的办公室办手续，把尴尬而伤人心的事情拿给专攻此道的人力资源经理来了结。

这个可怜人被吓得够呛，他一边流着泪，一边不住地颤抖，精神完全垮了。“我进这个公司的时候才16岁，”他一边啜泣着一边说，“38年了，我一生都献给了公司，任劳任怨，对每个主管都是尽心尽力，从没有人指责过我的工作或表现，我工作卖力，为此还毁了第一次婚姻，我四年前再婚，眼下有一对3岁的双胞胎要抚养。如今落得这个结果……我真不明白。”

而我却明白。当危机来临时，商业世界是没有怜悯的，忠诚也得不到抚慰。“对企业忠诚”其实是用词不当：人不可能对一个法律概念（企业法人）忠诚，人只可能对人忠诚，而且对方通常也对自己忠诚——例如家人。当发生经济损失时，公司是不可能对员工忠诚的。

对公司多年的忠诚换不来多少回报，提升或是换好工作的机会并不大。当一个人离开原有公司到新企业应聘时，强调对未来雇主的“效忠”会显得很奇怪；类似的，如果企业觉得某人永远不会离职而去时，也就不会珍惜他，也可以说这样的人对企业不会有威胁。总之，员工对企业的忠诚没多少价值。

反过来，那些有志向、有能力，可能会倒戈投靠竞争者（即不忠）的人却更易在现有雇主那里得宠，而可怜的忠诚员工因为不构成威胁，就只有遭冷遇了。

最大的忠诚应该奉献给家人，珍惜家人才是最重要的事情，这意味着有时要对现有雇主“不忠”，要跳槽，要另谋高就。

实用指南

- 不要在工作中被贴上“忠诚员工”的记号，否则就会吃亏，受冷落。
- 记住：我们生活在一个残酷竞争的世界，无辜的人也会被淘汰。
- 在这样弱肉强食的世界里必须把自己放在首位才能求胜。
- 当自己受到欢迎时，不是自己在竞争工作岗位，而是因为自己是人才，受到雇主争抢。

46

每天都尝试一些新鲜事物

尝试新鲜事物，使自己保持良好的精神状态

不断尝试新的方法，无论自己和同事做什么事情，都要不断地想："有没有更新的、更好的方法来做？"

不断自我更新是延缓衰老的一方药剂，它对于延缓身体的衰老作用有限，然而对于延缓心灵的衰老却是疗效非凡。这种更新能给眼神增添神采，不善于自我更新的人其目光必然黯淡，他们的思想因循守旧，从不尝试新鲜事物。

> 尝试的新鲜事物越多，阅历就越丰富，人也就更聪慧。

受欢迎的员工必然善于更新思想，尝试新鲜事物，从而提升自己的业务表现，他们总是不断摒弃老方法，探索更有效的新方法。生活的规律告诉我们：人或是企业在做事时，一定没有最好，只有更好，如果自己没有找到更好的方法，那么别人就会找到，而自己就可能因此丢掉工作，

企业就可能因此破产。

尝试新鲜事物会使人振奋、活跃、积极，促人进步，而按部就班则使人变得僵化、乏味，丧失创新能力。

尝试新鲜事物的关键在于建立新的思维方式。重复性思维是危险的，会使人思想停滞，工作上变得迟钝，因此应该尝试新的思想，用新的方法与同事沟通，而不是用老套的电子邮件或是手机短信；在与同事、顾客以及供应商来往时，也请尝试新的方法。

以下是一些尝试新鲜事物的例子：

- 接待处的维洛尼卡·费尔格森总是尝试以新的方式来招待访客。
- 英格丽德·克里斯滕森要求自己的团队每月都能提出一个绝妙的创意。
- 穆罕默德·汗每天都上网阅读一种新报纸，通过这种方法来学习新事物。
- 伊凡·费舍尔所在的公司旗下有200多个分公司，他每周都要轮流访问一家。
- 简·查诺斯基在午餐时会坐到不认识的人旁边与他们交谈，这样的交谈她每周会做两次，她会问上几个问题，然后听对方谈论，从中学习新知识。
- 莎莉·科肖尔每天早晨都会选择不同时间进办公室。

- 比尔·科比每天都会尝试与（他不认识的）一位新人交谈。
- 阿德瑞安·史密斯每个月都会为自己的团队设计新的开会方式。
- 玛丽娅·佩雷斯总是尝试用新的方法收集顾客的反馈意见。
- 玛莎·唐每天早晨走过开放式的大办公室时都会尝试不同的路径，每次都会和不同的人说上几句。
- 阿诺德·科西每个季度都会为杰出员工设计新的非货币奖励。

保持常新，人就能产生更好更新的思想，新思想能为企业带来产品、设计、销售等等方面的变革。在事业方面也可以培养新思路，虽然新事物不一定都那么容易发现，但万事皆有可能。人若是不断地自我更新，看待事物的方法就会多样化，给人带来创新和改进的思想，这些有创造力的思想是常规思维不可能达到的，只有具备了乐于接受新事物的意识，创新思维往往才会“冒出来”。要让创新“冒泡”，就应当广泛地与人接触，尝试新鲜的事物和体验，如今大名鼎鼎的星巴克就是霍华德·舒尔茨“创新”出来的，类似的例子还有亚马逊、杰夫·贝索斯、维珍以及理查德·布兰森爵士等等。总之，应该让新思想先“冒泡”，接下来才是理性思维。

实用指南

- 与同事聚一聚，只集中讨论一项内容："我们在一起能做点什么新鲜事情？"
- 跟随自己的直觉，表达自己的感受，让思维的火花闪耀。
- 给自己一个挑战，每天都做一件新鲜的事。
- 审视一下那些给世界带来变革的新事物（例如谷歌网和 iPod)，研究一下这些创意的来源。

47

努力工作

工作无易事

在工作上要起早贪黑，不遗余力，只争朝夕。工作对人是有益处的，繁重的工作带来的益处更大，没有了工作就只有等“救济”，无论如何不要沦落到这步田地。要努力工作，但若身体吃不消时，则要歇一歇。

2008年12月，英国最长寿的工人吉姆·韦伯逝世，享年105岁。韦伯是一名园艺师，他一直工作到104岁，最终因秋季的寒冷以及湿气加重了关节炎才停止工作。他的女儿凯茜在接受《西部晨报》采访时说：“是因为对户外工作的热爱才使他走到今天。”韦伯住在多西特的斯托克修道院，为村民以及当地的纽因酒馆工作，他的工作包括刈草坪，修整篱笆以及花园养护。

繁重的工作并不像人们想象的那么可怕。

从上面这个故事可以得出一个结论：工作不伤身。当然，生活充满艰辛，工作也很劳累，实际上对于大多数人来说谋个职位已经很不容易，更不用说养家糊口了，在经济萧条的时候这种情况就更加严重。

工作苦不苦，一看便知，但工作的机会应该珍惜，不要因为“懒得理会”而轻易放弃。两年前我从英国移民到海外，来帮我搬家的两个工人负责把我的家当打包装船，他们工作特别卖力，一刻没有松懈，忙得汗流浃背，连眉毛上都挂着汗珠，而等天色将晚他们快收工时，我看到自豪的笑容洋溢在他们脸上。他们干得不错，倘若是别人来干的话就得要两天，而且会要两天的工时费。像他俩这样努力工作的人一定会有光明的前程。

西方社会有一种思想，认为工作是“坏”事，应尽量避免工作，正是因为这种思想盛行，人们才会要求缩短工时，延长假期，也正是因为这种思想，才会有“星期一综合症”和“星期五大逃亡”的流行。大家总认为周末和节假日是好事，而工作日是“坏”事，这种对工作的抵触情绪的盛行影响了员工对工作的态度，使员工只按劳动合同的要求出工，多一点都不愿意做。当然，基本工时或是“按原则办事”也是站得住脚的，但全球化竞争所带来的现实告诉我们，只有工作最卖力的人才会有最好的发展。

努力工作并不等于说自己心甘情愿被剥削，而是说要尽一切力量做到企业所期望的结果，而且如果自己愿意的话，还可以做得超过预期。当雇主提出过分的要求、滥加工时或是要求“两个人的活一个人干”

时，自然看得出他是在剥削。而努力工作则是自愿的，不仅仅是为了企业的利益，更是为了自己的发展。努力工作能促进事业的进步，因为到了争取升迁的时刻，努力工作的人会因为对企业的贡献更大而受到录用。

努力工作是一种心态，它折射出奉献的精神，显示出自己兢兢业业工作，力争成为“人人欢迎的勤劳员工”的决心。引用电视制片人迈克尔·帕金森爵士在《电讯日报》（2008年12月4日刊）访谈中的一段话：“攀登到顶峰靠的并不是神秘力量，正如麦当娜所言：‘要的是拼命三郎的工作态度——所有伟大的艺术家都是如此。’”

当然，在这里要划清努力工作者与工作狂之间的界限。工作狂会劳累过度，容易引发各种疾病以及社会综合症，还会做出坏（如果不是危险）的决策。工作努力者与工作狂之间的界限只能由自己来划，（如果没有配偶以及家人的提醒）自己的身体、大脑以及心也会告诉自己该住手时须住手。即使是停下来，人的工作潜能仍然还很高，而且为了家人而努力的极限还能提高更多。如前所述，倘若热爱自己的工作，眼前的工作也就不再成其为工作，而会变成一种天职、一种使命，让人乐此不疲（有时甚至在休息日也不肯停歇），但正如本章开篇所言，要注意适可而止——“每周一定要休息一天”。

实用指南

- 不要受同事的负面影响，把自己的工作速度放慢到与效率最低的一群人齐平。
- 比同事工作更努力绝对不是错。

48

保持好奇心

有问题就有答案，没问题就没有答案——也就没有学习

对任何事、任何人——包括自己——都问个为什么。

2002年5月23日在伦敦举行的一次会议上有人问发言者："迈克尔，你才37岁，却成为世界最富有的人之一，我只想知道的是：你的动力来自于何处？什么力量促使你早晨起床工作？为何你在如此富有时还坚持工作？"

好奇心是最主要的驱动力。

发言者迈克尔·戴尔的回答耐人寻味，"是好奇心给了我动力。"他答道，"我相信一定有更好的方法做事情，所以我总是有好奇心，想找到更好的方法，我买的第一台电脑是苹果Mac，当时我15岁，我很好奇电脑是如何工作的，于是我就把电脑拆了，结果发现了更好的电脑制作方法，然后又发现了更好的销售电脑的方法。"

2005年3月24日，BBC三台播出了哈利·克罗托爵士（1996年诺贝尔化学奖得主）的专访，在专访中他引用了12世纪英国巴思的学者阿德拉德在1123年的一句名言："给我怀疑的自由，我要提问，我要用提问求得真理。"这就是好奇心的体现。

许多胸怀大志的人都有很强的求知欲，他们总是会问自己问题，例如"我可以做什么样的改进？"或是"我如何才能得到心仪的工作？"又或者"我如何跟上前沿？"

如果自己是教师，而且立志成为骨干的话，应该问自己："我如何起表率作用？""为什么已经有那么多的人做到了骨干，而我还没被委以重任？"保持这样的疑问，普通教师就会不断思考，不断前进，直至走向"那端"——骨干教师。

求知欲还可以培养成习惯，使人每天都会问问题，作探索，作研究，寻找前进的道路。

近十年来世界排名第一的高尔夫球手——泰格·伍兹从未因自己所获得的桂冠而骄傲自满，1997年他以12杆优势首次获得美国大师赛冠军时就问了自己一个问题："我还可以在哪些方面改进挥杆动作？"成功人士总是会问自己："我如何能做更好？"

有志向的人所问的第三个问题是："我如何达到目标？"

我在十多岁时就有了出书的想法，这个想法在我的脑海里是一幅鲜活的图景：我出了第一本书，就放在伦敦查林十字路的弗依斯书店的橱窗里……我很快意识到若要实现这个愿望是没有坦途可走的，所以我问自己："我如何才能到那里？"我的疑问带来了答案，在我走了很多死胡同（退稿）后，我的理想终于实现了，我出了第一本书——《超级老板》(*Superboss*)[1] 而且就在弗依斯书店的橱窗里展出。我找到了自己的路，而这条路正是因为自己不断提出疑问而找到的。

总之，若要做到"受欢迎"，就得保持求知的心态，不断问自己："我想要成为什么样的人？""当我到达'那里'时别人对我会有什么期望？"还有最后，"我如何到达'那里'？"

实用指南

- 保持好奇心，对于自己迷惑不解的事物一定要提出疑问。
- 永远不要怯于提问。
- 遇见成功人士时要上前提问题。
- 问他们如何成功，运气好的话会得到答案，运气不好的话就当白问。

[1]《超级老板》，大卫·弗里曼托著，Gower 出版社，1985。

- 问问题时不要针对人，开始时可以问一些无伤大雅的问题，等熟悉一些后就可以试着进一步问些深入的问题。
- 不要问负面（暗示缺陷或错误）的问题。
- 通过提问向对方讨教经验是最可取的。

49

培养第二特长

不要完全依赖现有的技能和知识，要不断学习新技能，获得新知识

自己掌握的（技能、知识以及经验）越多，就越能受到青睐。

亚历山大·麦凯尔·史密斯（参见第21章）不仅是畅销书作家、知名演说家，同时还是一名业余巴松管演奏者，而他的主要职业却是医学法教授；本杰明·桑德（参见第21章）起初是音乐家，而现在还是领导艺术演讲家、激励学大师，他们都是一专多能的典范。

我们都知道参加保险的重要性，然而却常常疏忽了工作中最大的风险——炒鱿鱼。每天都有新闻报道说企业收缩业务，大量裁员的事情，我对这些被裁掉的员工感到惋惜，尤其是对那些没有给自己留好后路，没有培养自己第二职业技能的人感到痛心。

记住贝登堡的童子军名言——“时刻准备着”。

当企业收入和利润急剧下滑时企业唯一的退路就是裁员，裁员虽然很不人道，但也是无奈之举。

此时下岗人员的头等大事必定是寻求出路，维持家庭的生计，找好位置，抓住机遇，重新上岗。在这种情形之下除了失业保险外还需要另外两种保险：第一种是用积极的心态看待裁员问题。如前所述，面对裁员时人们的本能反应是："丢了工作真是倒霉透顶。"然而自己要很快（一天之内）把这种想法变成："丢了工作真是再好不过，给我一个绝佳的机会在事业上开始新的篇章。"面对挫折的积极心态是对渺茫未来最好的保险。

第二项保险是培养第二技能。智者从来不会沾沾自喜，也不会靠单一的能力挣钱，他们会未雨绸缪，努力培养自己的第二技能，等遇上裁员这等事时，自己还有路可走。要培养第二技能，就要在原有专业之外学习其他知识，也许是学习一门外语，以便吸引那些开展全球化业务的雇主；也许是做一些完全不一样的事情，例如在工作之余学习药物替代方面的知识，先打一个基础，以便将来在这方面有所建树。

培养第二技能还有一个好处：当面对招聘者时自己能多一个"卖点"，日后不仅能胜任专业岗位，而且每周还可以为其员工做一天第二技能的在职培训。

皮特·杰梅尼兹在非律宾奥普帝马数码公司的职位是总经理。他还有第二技能：在周末他会寻访曼达路永和奎松市的废品收购店，购买一些铁片、生锈的管子、钉子以及废旧金属，这些东西能激发他的创造力——他会把这些东西变成金属雕塑。他说："我的雕塑是在车库里做的，我根本不知道自己能做出什么样的作品，因为我不知道自己会找到什么样的铁片。"他的雕塑如今已在各地展出，他的作品的一位爱好者说："如果皮特的公司把他扔到一堆废品上，他也会有事可干。"

只会一种工作的人业务面会变得狭窄，视野也会受限，而当今雇主需要的都是有复合技能，多才多艺，能适应企业需求变化的人才。

实用指南

- 回顾现任工作中所需要的技能、知识以及经验，然后问自己："找另外一个工作时，是否仍要依靠这些本领？"
- 假若答案为"是"，请认真考虑学习第二技能。
- 第二技能可以是任何使自己感兴趣的东西。
- 然后投入时间和精力去学习一套新技能。

50

创造可能性

自己觉得不行，就会真的不行；在工作和事业中有了希望，就会有实现的可能，因此人要乐观，有信心

为了自己、家人以及所向往的企业努力探索，寻求进步和改革的机会，创造更美好的未来。

1620 年 8 月 15 日“五月花”号轮船驶离英国的南安普敦，前往美洲新大陆，这一程走了 66 天，“五月花”号穿越了大西洋的狂风恶浪，历经磨难到达了目的地。等人们上了岸后，又与当地土著发生了冲突，而且还备受严冬的折磨和险山恶水的考验，这批勇敢者度过了朝不保夕的岁月，陪伴他们的唯有对未来的希望。

每天都有机会在自己的眼前，抓住一切机遇，在事业上所有的愿望都有可能实现。

对于跨国移民或者离家百里出门打拼的人来说，他们同样要面临严峻的考验，承受失败的风险，唯一剩下的就只有希望和机会了。经过创造和把握机遇的过程后他们也许会以落败告终，但同样也可能到达成功的彼岸——乐观主义者对成功是有信心的。

纳尔逊·曼德拉经受了27年囚禁岁月，长期被关押在南非开普敦海岸边臭名昭著的罗本岛监狱，然而在他的狱友心中，曼德拉却是一盏指路明灯。他说过一句话："不要把这里看做'罗本岛牢狱'，而要看做'罗本岛大学'。"虽然狱吏会滥施淫威，对囚犯进行惨无人道的心理折磨，但幸好他们并不限制囚犯们进行正规的学习。在服刑期间有的囚犯参加了远程教育，有的则学习读书写作，他们常常学习到很晚，到了夜里只剩下卫生间的灯还亮着时，他们就坐在马桶上读书。在纳尔逊·曼德拉获释后，他的一些狱友当上了南非新政府的法官或部长，还有一些狱友当上了导游，这些故事就是我在参观罗本岛时其中一位导游告诉我的。纳尔逊·曼德拉和他的战友们饱受了常人没有经历过的悲惨而漫长的屈辱磨砺，尽管这27年监禁对于纳尔逊·曼德拉来说是深重的苦难，但他却在苦难中鼓励人们把消极的心态改造成积极的心态，给人民带来了希望。当其他人因绝望而放弃时，他却看到了种族隔离制度的末日，他在每位狱友身上看到了发奋进取的机遇，看到了美好未来的曙光，他看到了乐观，看到了四处涌动的希望。

另一个鼓舞人心的例子是巴拉克·奥巴马，他看到了一种可能性——非裔美国人也有可能成为总统。当他把这个念头说给他的朋友听时，有那么一两个人告诫他："美国没你的份儿。"但奥巴马用事实证明这种说法是错误的。

纵观历史，其中也不乏坚忍不拔的勇士在困境中把握机遇，推动历史车轮前进的例子。理想在遥远的山巅闪耀，为理想奋斗的道路是漫长而艰辛的，这些勇士展现给我们的真理是：即便有重重的阻碍，即便有沉重的打击，一切梦想却都有可能实现。

历史还告诉我们另一个真理：祸兮福之所倚。苦尽之后终有甘来之时，若要能抓住机遇，创造美好未来，心中就一定要充满乐观，充满希望。乐观主义者是生活中的胜者，当四周黑茫茫时，他们会寻求哪怕一丝光亮，然后朝着光明的方向奋进开拓。

2008年金融危机席卷全球时，有人问谷歌网的首席执行官埃里克·史密特如何应对，他答道："我们是乐观主义者，我们相信未来，相信美国人民的创造力，相信会有转机；我们相信那些帮助我们走到今天的有利因素并未离我们而去，一定会护佑着我们继续前行。我们为美国人民已取得的辉煌而骄傲，我们要在此基础上锲而不舍。让我们共度这场危机，重整旗鼓。"

不要让悲观者接受挑战，他们没有创造机会的能力。

乐观带来的是希望，随之而来

的是使美梦成真的更多机遇，这就是畅销书《秘密》(*The Secret*)[1]的作者郎达·伯恩(Rhonda Byrne)崇尚的信条，她将其称为“吸引力法则”。奥地利著名的精神病学家，纳粹大屠杀幸存者，现已故的维克托·弗兰克尔调查发现：在集中营里那些放弃希望，精神被击垮的人的死亡几率比那些抱有希望的乐观的人更大。

乐观的心态是保住工作并且成就事业的根基，乐观的态度能帮助人们创造并且抓住机遇，降低失业的风险，使人们受到企业的欢迎。当外界的力量把人击垮（例如在经济大萧条中失业）时，哭诉“处境艰难，不堪忍受”是没有什么好处的。当初登上“五月花”号的人们也可以说：“我们的祖国满目萧条，真是不堪其苦。”然而他们并没有这样说，而是向着新大陆扬帆远航，为自己创造了机遇。

本书的核心思想意在说明，在工作和事业上一切希望皆有可能实现，所谓“有志者事竟成”。[2]无论世界经济形势如何低迷，读者当中也不可能有哪一位在

[1]《秘密》，郎达·伯恩著，Atria Books 出版社，2006。

[2] 事业上“有志者事竟成”是颠扑不破的真理，当我最后一遍审阅此书时，时间已是 2009 年 4 月 12 日，这一天有一个“把握机遇”的绝佳范例成为全球新闻的头条。

其中的主人公是苏格兰西洛锡安的苏珊·波伊尔，她在参加“英国达人”电视选秀节目中因演绎歌曲《我曾有梦》而一夜走红，她在 YouTube 网站上的视频点击率高达数千万次，连美国电视媒体都争相报道。

现年 47 岁，待业在家，相貌令人不敢恭维的苏珊·波伊尔能实现梦想，相信读者也能，相信读者们一定能事业有成，成为受欢迎的人。

技能、学识以及阅历方面是一片空白，以至于根本无人理会，找不到工作。即便是对于那些受牢狱之苦（如纳尔逊·曼德拉）的人或是身体智力有障碍的人来说，机遇也会处处闪现。在茫茫的世界里，一定有一位赏识你的雇主，他会重视你的潜能，期待着你积极的贡献。